JN099121

スッキリ！がってん！
量子コンピュータの本

森 貴洋 ［著］

電気書院

はじめに

　話題の量子コンピュータ．一昔前は専門家しか知らないものだったが，今や一般の方でも見聞きするものになった．未来のコンピュータ，夢のコンピュータ，そんな印象をおもちだろうか．この本を手に取っていただいたみなさんの中には，量子コンピュータがどのようなものか知りたい，そんな気持ちの方が多いのではないだろうか．

　この本は，量子コンピュータについて知っておいてもらいたいことを簡単に書いたものだ．専門家が読むような本ではない．専門家には，物足りなさすぎる．とはいえ，理系の心得のある人にも，ちょっと物足りないかもしれない．理系的な内容も，最小限に留めている．量子コンピュータを勉強するための入門書というにも，勉強のために書かれてはいない．その代わり，量子コンピュータの全体像が理解できて，ちょっと頑張ってもらえれば，どなたでも全部読んでもらえる内容にしたつもりだ．

　この本はどのような本かというと，ざっくりと量子コンピュータがどういうものなのかを理解するための本だ．このスッキリ！がってん！シリーズは，専門書を読み解くための入門書ということなのだが，この本はその中でも入門的という感覚だ．少なくとも最初の「量子コンピュータってなあに」の編は，誰でも読めて，量子コンピュータがどういうものなのかがわかってもらえるように書いたつもりだ．

　正直，量子コンピュータは難しい．だいたいからして，量子ってなんだというところから難しい．しかも，量子コンピュータを正しくすべて理解するためには，コンピュータサイエンスのことがわか

り，数学がわかり，物理学がわかり，半導体工学がわからなければいけない．研究者でも，なかなかこんな人はいないのだ．それを一般の人が全部わかるようになるなんて，とても大変な話だ．でも，量子コンピュータは話題のキラキラしたトピックだ．どのようなものか知りたいという方も多いだろう．でも，真面目に勉強しようとするとちんぷんかんぷんだ．そりゃそうなのだ，研究者でもたくさんのことを勉強しないといけないのだから．その入門書を真面目に書こうとすると，コンピュータの入門を学んで，数学の入門を学んで，物理の入門を学んで…ということになってしまう．そんなこと，たった1冊のこの小さな本で書くのは無理な話だ．私たち研究者でも，量子コンピュータの専門書を読む前に学ばないといけない教科書が山ほどある．

　この本は，細かい学問的正確さはひとまず捨てて，量子コンピュータってなんとなくこんなものだよという感覚をわかってもらえるように書いたものだ．量子コンピュータに興味をもってくれたみなさんと，この話題のキラキラしたトピックの内容の面白さを共有したい，そんな気持ちで書いている．この本を手に取ってくれたみなさんが，この本を通して「あぁ，量子コンピュータってこんなものなんだ」と，なんとなくわかった気分になってくれたら，著者の私はとても嬉しい．

目　次

1　量子コンピュータってなあに

2　量子コンピュータの基礎

③ 量子コンピュータの応用

量子コンピュータってなあに

1.1 量子コンピュータはどんなコンピュータ？

⒤ 量子コンピュータがない休日

「おとうさん！ 今日は新しくできた水族館に連れて行ってくれるんだよね！」

「そうだよ！ さぁ，みんな車に乗って．でかけるよ！」

「どれぐらい時間かかるかな？」

「カーナビに場所をセットしてと……．1時間半ぐらいだね」

「カーナビってすごいよね」

「そうだよ．カーナビにはコンピュータが入っていて，水族館までの最短ルートを考えてくれるんだ．これで一番早く水族館まで着けるんだよ！」

〜 しばらくして 〜

「おとうさーん，渋滞すごいよ……．全然水族館に着かないじゃん．もう3時間も車に乗ってるよ．まだ着かないの？」

「そうだなぁ，新しくできた水族館だから，たくさんの人が水族館に向かっているからね」

「カーナビが最短ルートを見つけてくれるんじゃなかったの？」

「カーナビは最短ルートを考えてくれるんだけど，全部の車が同じルートを使おうとするから，1本の道がものすごく混んじゃうんだよ……．だから大渋滞になることがあるんだよ」

1　量子コンピュータってなあに

「だめじゃん‥‥．もう飽きちゃったよ．なんとかしてよ！」
「うるさい！　黙って我慢して車に乗っていなさい！　おとうさんだって運転疲れたんだ！」
「もうやだ！　何で怒るの！　つまんない！」
(ii)　量子コンピュータがある未来の休日
　「おとうさん！　今日は新しくできた水族館に連れて行ってくれるんだよね！」
「そうだよ！　さぁ，みんな車に乗って．でかけるよ！」
「どれくらい時間かかるかな？」
「カーナビに場所をセットしてと‥‥．普通だと1時間半ぐらいなんだけど，2時間ぐらいって出てるね」
「渋滞するのかな」
「そうみたいだね．最短ルートじゃないけど，ちょっと回り道して水族館まで行くみたい」
「カーナビってすごいよね」
「そうだよ．カーナビはインターネットを通して量子コンピュータと通信していて，量子コンピュータが一番早く着ける道を選んでくれるんだ」
「量子コンピュータってすごいんだね」
「そうなんだ．新しくできた水族館だから，今日は多くの人が水族館に向かうと思う．だけど量子コンピュータが，道が混まないように全部の車にルートを指示してくれるんだよ．きみはこっちの道を通れ，あなたは別の道で行くよ，というようにね」
「だから最短ルートじゃなくて，ちょっと回り道をするんだね」
「そうだよ．水族館に行ける道はたくさんあるからね」
〜　しばらくして　〜

「おとうさん，だいたい時間通りに着いたね！」
「そうだね．ちょっと回り道をして時間かかったみたいだけど」
「いろんな入口からどんどん車が入ってくるね」
「量子コンピュータが考えてくれたルートは車ごとにそれぞれ違うんだけど，みんなが早く水族館に着けるようにルートを選んでくれているんだよ」
「すごいね！　さぁ水族館にいこうよ！　早くおとうさんみたいなナポレオンフィッシュ見たいな！」
「おいおい，おとうさんはナポレオンフィッシュなのか!?」

(iii)　量子コンピュータがある未来　〜その1〜

　みなさん，こんにちは．まずは一緒に，量子コンピュータのある未来を見ていきたいと思う．最初に，ある親子の休日を見てもらった．量子コンピュータのある未来の休日の親子は，とても楽しい休日を過ごせているようだ．量子コンピュータは，まだ私たちが身近に使えるコンピュータではない．これから10年先，いやもっと時間がかかるかもしれないが，これから多くの人が使うときがやってくる未来のコンピュータだ．もちろん量子コンピュータは，今のコンピュータではできないようなことをしてくれる．これから量子コンピュータが使えるようになったときの未来には，私たちにどのような良いことがあるのだろうか？

　最初のカーナビの話，これは量子コンピュータが使えるようになったときに，私たちの身近に起こる便利なことの一番わかりやすい例だ．親子が話をしていたように，今のカーナビは出発地から目的地までの最短ルートを検索してくれる．多くの人がある一つの場所──親子が楽しみにする水族館──に向かうときのことを考えてみよう．出発地はそれぞれの家だから，みんな違う場所から出発する．

だから，出発して最初のうちは渋滞することはない．でも，目的地に近づいてくると大渋滞になってしまうことがある．これは，いろいろな場所から出発した車でも，目的地の近くではカーナビが表示する最短ルートが同じ道になってしまって，ある1本の道に車が集まってしまうからだ．このような経験をしたことがある人は多いのではないだろうか．ショッピングセンターのかなり手前から大渋滞とか，テーマパークに向かう道で，高速を降りるインターチェンジから大渋滞とか．私は，降りるインターチェンジを一つ手前にするという工夫をすることもあるが，だいたいうまくいかない．

　これは，今のカーナビが車1台分のルートしか計算していないから起きてしまっている問題なのだ．量子コンピュータのある休日で親子が話していたように，道はたくさんあるのだから，それぞれの車が違う道を通って水族館に向かえば渋滞は起きなくなる．例えば，400台の車が一度に同じ目的地に向かうのであれば，400台全部の車のルートをうまく調整して，多くの道を使い，なるべく渋滞が起きないように400台分のルートをまとめて計算すればよいのだ．でも，今のコンピュータではたくさんの台数の車をまとめてルートの計算するのは残念ながら不可能だ．いや，ちょっと正しくない言い方だった．実は計算することはできる．だが，とても時間がかかってしまう．コンピュータが計算を終えるのを待つぐらいであれば，出発して少しでも進んだ方がまし，というぐらい時間がかかってしまう．カーナビにセットしてからルートの検索結果が30分後に出てくる，というような感じになってしまう．そんなの待っていられるわけがない．

　量子コンピュータは，これを一瞬で計算してくれるのだ．その仕組みはこうだ——まず，すべての車のカーナビをインターネットに

つながっているようにする．これはスマホを使ってつないでもよい
し，未来にはカーナビが当たり前にインターネットにつながってい
るだろう．カーナビに目的地をセットすると，目的地の情報がイン
ターネットを通して量子コンピュータに送られる．量子コンピュー
タはすべての車がどこに向かうのかを理解する．そして，量子コン
ピュータはすべての車がいち早く目的地に向けるようにルートを計
算する．例えば，メインの大通りには100台走らせよう，横を通っ
ているもう1本の道はちょっと細いから50台にしておこう，裏道が
4本あるので，それぞれ20台ずつ走らせよう，ちょっと遠回りにな
るルートだが，水族館には別の駐車場もあるので，こちらに50台ま
わそうといった感じで計算する．これを一瞬で計算する．計算結果
は，インターネットを通してそれぞれの車のカーナビに伝えられる．

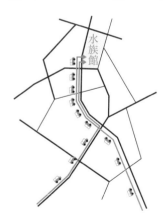 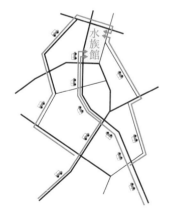

今のカーナビは最短距離を行くの
で，すべての車が同じ道を通
ろうとして渋滞が発生する

量子コンピュータのカーナビはすべ
ての車の行先を把握して，いくつも
のルートを活用，渋滞しないように
調整しながらルートを決める

図1・1 カーナビのルート探索

どの車もルートが違う．メインの大通りを通るように指示される車，裏道を通る車．どの車も，目的地に着くまでの時間が違う．でも，全部の車が渋滞せずに，いち早く目的地に着くことができるルートを計算してくれるのだ．量子コンピュータが使えるようになる頃には，車も自動運転で動くようになっていて，自分ではハンドルを握らないようにもなっているだろう．こんな未来，ちょっといいなとは思わないだろうか？

(iv) 量子コンピュータがある未来　〜その２〜

　他の未来も見てみよう．今の時代はとても多くの人がネットショッピングを使っている．ネットショッピングで買い物をすると，荷物が宅配便で届けられる．日時はある程度指定ができるが，時間には幅があって，2時間ぐらいの単位になっている．午後から外出する予定があるから午前中に受け取ろうと思っても，あいにく宅配便が時間通りに届かず，仕方がなく外出してしまう．その間に不在連絡票が郵便受けに入っていて，また受取のやり直し．ちょっと面倒だと思う人も多いだろう．私はこの作業，面倒くさいと思ってしまう．ちょっとイライラしてしまう．どうしてこうなってしまうかというと，これは宅配便の配送ルートの問題だ．宅配便の配送ルートを考えるのは，とても難しい．たくさんの届け先があって，それぞれの届け先で希望の時間帯がある．地域のことをよく知っているドライバーさんが一生懸命に考えて，なんとか時間通りに届けようと思っても，うまくいかないことも多いのだ．量子コンピュータはこのような問題も解決してくれる．複雑な配送ルートを，一瞬で計算してくれるのだ．宅配便は，時間通りに確実に届くようになるだろう．量子コンピュータが使えるようになる頃には，ロボットやドローンが荷物を運んできてくれるかもしれない．自分が自宅にいる，確実

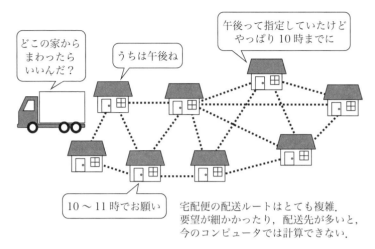

図1・2 配送ルートを決める

に受け取れる時間帯に——もちろん時間変更も自由自在——しっかり荷物を届けてくれるのだ.

　未来の話をもう一つ見てみよう. 今度は少し話が変わって, 薬の話だ. 薬は病気を治してくれるわけだが, なぜ薬を見つけることができるかご存じだろうか? 大昔は, 薬になる草, 薬草を食べることで病気を治していた. このころは, 実際に草を食べて, 病気を治す効果があるかどうかを試してみてから, 薬を探し出していたのだ. もちろん現代ではこんな薬の探し方はしていない. 薬になるものには病気を治す効果がある化学物質が入っているので, その化学物質を探しているのだ. 例えば, インフルエンザを治せる化学物質はどれか, コロナウイルス感染症を治せる化学物質はどれかというように. では, この効果のある化学物質を探すという作業をどのようにしているのだろうか? この作業は, まずはコンピュータで計算をしてみ

て，効果があるかどうかを予想するところから始まる．そして，効果がありそうだと予想される化学物質を実際につくってみて，薬として本当に使えるかどうかを試験して，薬が完成するのだ．この計算して効果があるかどうかを予想する作業は，今のコンピュータは完璧にはこなせない．当たり外れがあるのだ．この化学物質は80 ％ぐらいの可能性で効果がありそうだな，こちらの化学物質は60 ％ぐらいの可能性で効果がありそうだなというような感じで，完璧には予想できない．量子コンピュータはこれが得意なのである．量子コンピュータを使うと，効果がある可能性を高い確率で予想できるようになる．この化学物質は99 ％の可能性がありますよというように．しかも，量子コンピュータはこれをとても速いスピードで計算できるのだ．次々に，「これは可能性がある！　これはダメ！」とい

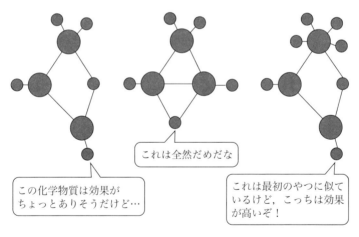

この化学物質は効果が
ちょっとありそうだけど…

これは全然だめだな

これは最初のやつに似ているけど，こっちは効果が高いぞ！

化学物質の性能をコンピュータで計算して，効果があるかどうかを予想する．量子コンピュータは，予想性能が高いと考えられている．

図1・3　化学物質の性能を判断する

うように，化学物質の良し悪しを判断してくれる．だから量子コンピュータが使えるようになれば，今まで治せなかった病気を治せる薬が発見されるようになるだろう．不治の病で亡くなるしかなかった命が，量子コンピュータの力で助かるようになる．そのような未来もまた，ちょっといいなとは思わないだろうか？

(ⅴ)　スマホは？　パソコンは？

さて，ここまでの話で量子コンピュータがある未来はちょっと良さそうだということを理解してもらえたのではないかと思う．この本を書いている私は量子コンピュータの専門家なわけだが，こういう明るい未来を説明すると次のように言われることがある——
「早く全部のコンピュータが量子コンピュータになるといいですね！　カーナビにも量子コンピュータが載ってほしいですね！　スマホやパソコンに量子コンピュータが入っている時代が待ち遠しいですね！　ゲームなんかもすごく変わるんでしょうね！」
「……ごめんなさい，違うんです．そうではないんです」

「えっ，違うの!?」と思っている読者の方も少なくないのではないだろうか．そう，違うのだ．なにが違うかというと，量子コンピュータはカーナビやスマホやパソコンには入らないのだ．「えっ!?　どういうこと？」と思う方も少なくないのではないだろうか．ここで最初の親子の話を思い出してもらいたい．お父さんはカーナビと量子コンピュータの関係をこのように子供に説明していた——
「カーナビはインターネットを通して量子コンピュータと通信していて，量子コンピュータが一番早く着ける道を選んでくれるんだ」

そう，そうなのだ．量子コンピュータはインターネットの向こう側にある．カーナビに入っているわけではないのだ．実は未来のカーナビも，性能は良くなっているだろうが，今のコンピュータと大き

1 量子コンピュータってなあに

く変わることはない．何が変わったかというと，インターネットの
向こう側に量子コンピュータが登場したということが変わったのだ．
同じように，スマホもパソコンも，大きく変わることはない．

　「ちょっとがっかり…」とは思わないでほしい．今のみなさんのス
マホ生活は，多くのインターネットの向こう側にあるコンピュータ
に支えられている．向こう側にあるコンピュータがなければ，この
ように便利で楽しいスマホを使った生活は絶対に成り立たないのだ．

　インターネットの向こう側にあるコンピュータがどのような大事
な役目を果たしているのか説明したい．みなさんもスマホを使って
YouTubeで動画を見ていると思う．これはどのような仕組みで動
画が見られるのかご存じだろうか．インターネットを通して動画が
送られてくるのだが，誰が動画を送ってきてくれているのかという
と，これがインターネットの向こう側にあるコンピュータなのであ
る．YouTubeを見ているとき，私たちのスマホはインターネットを
通して，世界のどこかにあるYouTubeの会社のコンピュータとつ
ながっている．YouTubeのコンピュータにはたくさんの動画が保存
されているわけだ．そして，私たちの選んだ動画をスマホに送って
きてくれているのだ．別の例を挙げると，スマホで電車の乗換を調
べるときだ．多くの方がこれを使っているとは思うが，このときも
インターネットの向こう側にあるコンピュータが活躍している．私
たちがスマホで入力した出発駅と到着駅，出発時間といった情報は，
インターネットを通して世界のどこかにあるインターネットの向こ
う側のコンピュータに送られる．そして，向こう側のコンピュータ
がベストな乗換方法を計算し，結果が私たちのスマホにインター
ネットを通して送られてくる．それが画面に表示され，私たちはベ
ストな乗換ルートを知ることになる．このように，私たちがスマホ

漫才の動画が
見たい！

インター
ネット

OK，動画を
送るよ！

スマホの機能は，スマホだけでは実現できない．
インターネットの向こう側にある大型コンピュータと協力して
実現している．

図1・4　インターネットの向こうにもあるコンピュータ

を使って何気なく行っていることでも，インターネットの向こう側
にあるコンピュータが活躍している．インターネットの向こう側に
あるコンピュータは，私たちのスマホやパソコン，カーナビといっ
た身近なコンピュータの助っ人コンピュータなのである．未来には
そこに，新たな助っ人として量子コンピュータが加わることになる
のだ．

1.2　身近なコンピュータ，向こう側にあるコンピュータ

（i）　向こう側にあるコンピュータの活躍

　それでは，量子コンピュータが助っ人に加わることになるイン
ターネットの向こう側にあるコンピュータの活躍を見ていこう．さ
きほどYouTubeの動画の例を紹介したが，このようにネットを通
して動画を見るサービスは，動画ストリーミングサービスと呼ばれ
る．この言葉は聞いたことがある方も多いのではないだろうか．もう
一つ，多くのみなさんが使っていると思われるのが，音楽ストリー
ミングサービスだ．いまやAmazon Musicなど，様々なサービスが
提供されている．音楽ストリーミングサービスの仕組みは動画の場

合と同じだ．インターネットの向こう側にあるコンピュータが，音楽を配信してくれているわけだ．

　写真や動画についても，インターネットの向こう側にあるコンピュータは活躍している．みなさんは写真や動画をiCloudやGoogle Photosに保存しているだろうか？　おそらく，多くのみなさんはあまり意識せずに便利に利用しているのではないかと思う．家族や友達との写真の共有も簡単にできる．LINEのアルバムでも，同じようなことができる．この機能，携帯ショップなどで説明してもらうと，このように説明される──

「写真や動画はクラウドに保存されていて，パソコンやタブレットからでも見ることができますよ」

　どうも写真や動画は，「クラウド」というところに保存されているらしい．クラウドっていう言葉は知っているよという方も多いと思う．これもインターネットの向こう側にあるコンピュータだ．インターネットの向こう側に，みなさんのたくさんの写真や動画を保存してくれている大型のコンピュータがあるのだ．だから，スマホで撮った写真や動画は，自動的にクラウドに送られ，大型のコンピュータが保存してくれている．別のパソコンやタブレットから写真を見たいときには，インターネットを通して写真が送られてくる．だから，コピーもしていないのに写真を見ることができる．

　写真についてはもう一つ便利な機能がある．今のスマホは，自分で撮った写真を言葉で検索することができる．言葉で写真を検索したことがないという方は，ぜひスマホで検索してみてもらいたい．私はワインが好きで，飲んだワインのボトルの写真をたくさん撮ってあるので，私のスマホで「ワイン」と検索すると，撮ったワインボトルの写真がたくさん表示される．このように，写真を言葉で検索

することができるのだ．スマホのコンピュータが写真に何が写っているかを理解しているということだ．これは物だけではなく，人物でも検索できる．みなさんのスマホでも，家族や友達と撮った写真が写っている人ごとに分類されていないだろうか？　たまに間違って分類されている写真もあるかもしれないが，何回か教えてあげると，だんだんと間違えないようになってくるので，試してみてもらいたい．これは，コンピュータが写真の中身を理解するということで，画像認識と呼ばれる機能だ．そしてこれを分類するわけだが，コンピュータも「この写真の人とこっちの写真の人は同じ人，これとあれは違う」というように，だんだんと理解が深まっていく．コンピュータにとっては会ったこともない人なのに．これは機械が学習しているので，機械学習と呼ばれる機能だ．これは，スマホに載っている小さなコンピュータと，インターネットの向こう側にある大型コンピュータとが協力して実現している．簡単なことはスマホの小型コンピュータでもできるのだが，難しいことはインターネットの向こう側にある大型コンピュータが助けている．クラウドによって，同じ写真が手元にもインターネットの向こう側にもあるから，できることだ．

　画像認識の話のほかにも，音声認識というものもある．これはiPhone の Siri や，Android の OK, google，Amazon の Alexa のように，話しかけると答えてくれる音声アシスタントで使われている技術だ．音声アシスタントでもインターネットの向こう側にあるコンピュータが活躍していて，また機械学習技術が使われている．機械が学習して，私たちのスマホを便利にしてくれているのだ．

　量子コンピュータは機械学習も得意とするところなのである．機械学習は画像や音声の認識に使われるだけではない．機械とはコン

1 量子コンピュータってなあに

ピュータのことで，コンピュータが人間の代わりに色々なことを学習して，代わりに考えてくれるのだ．私は最近，ネットで服を買うことが多い．いつも同じサイトで服を買うのだが，今まで買った服の記録から私の好みに合った服がおすすめされる．これは，コンピュータが私の買った服を学習してくれて，おすすめの服を選んでくれているのだ．たくさんある商品の中から自分の好みの服を一生懸命に探さなくてもよいので，とても便利だと思っている．このように，コンピュータは機械学習によって，私たちの生活をいろいろと便利にしてくれている．そして，量子コンピュータは機械学習が得意だ．今のコンピュータより，量子コンピュータは偏差値が高く，頭が良いのだ．インターネットの向こう側で，量子コンピュータは今のコンピュータより難しいことをたくさん学んで，私たちの生活を助けてくれるだろう．

⑾　たくさんある身近なコンピュータ

　それでは身近なコンピュータの世界も少し見ておこう．これまでに話の中では，身近なコンピュータとしてスマホとカーナビを取り上げた．これに加えて，タブレットやパソコンといったところが身近なコンピュータだろう．みなさん，ほかにもコンピュータはここにあるよ，と思うものはあるだろうか？　「テレビ」と答える方が多いのではないだろうか．コンピュータっぽいものという意味では，やはりディスプレイの存在は欠かせない．ディスプレイがあって操作をするものは，コンピュータという感じがするだろう．そうではないものにも，色々なところにコンピュータは入っている．電子レンジ，炊飯器，トースター，エアコン，IHコンロ，食器洗い器，時計など，ありとあらゆるところにコンピュータは入っている．このような本を書いている私でも気づかないところに入っていたりする．

1.2 身近なコンピュータ，向こう側にあるコンピュータ

みなさんは，いったい何台のコンピュータをもっているだろうか？
私の家の中には，おそらく19個のコンピュータがありそうだ.

　これらの身近なコンピュータの中で，能力の高いコンピュータは
スマホ，タブレット，パソコンだ．それに続くのが，カーナビとテ
レビだ．そして，それ以外の家電製品に入っているコンピュータは，
そんなにいろいろなことはできない．家電製品を動かす最小限の能
力しかもたないコンピュータが入っている．能力も違うのだが，も
う一つ大きな違いがある．それは，インターネットにつながってい
るかどうかだ．スマホとタブレットにパソコンは，インターネット
につながっているコンピュータだ.

　テレビはどうだろうか？　最近のテレビはすべてインターネット
につなげるようになっている．人によってはつないでいない人もい
るかもしれないが，インターネットにつなぐとテレビでもYouTube
やNetflixなどのネット動画もテレビで見られるようになるので，と
ても便利だ．我が家の子供は，小さい頃からテレビでYouTubeを
見てばかりだ．カーナビはどうだろうか？　最近のカーナビは本体
だけでもインターネットにつながるようになっているし，またスマ
ホを使ってもネットにつなぐことができる．ネットから最新の地図
をダウンロードしたりもできる．とはいえ，カーナビをつないでい
る人はあまり多くないのではとも思う．ちなみに私は，スマホのナ
ビを利用しているので，カーナビは利用していないのだが，見方を
変えるとネットにつながっているカーナビを使っているようなもの
だ．最近はそのような人も多いと思う.

　では，そのほかの家電製品はどうだろうか？　まずエアコンだが，
これはインターネットにつながるものが少しずつ増えてきている．
残念ながら，我が家のエアコンや冷蔵庫はインターネットにつなが

る機能がない古いタイプのものだ．インターネットにつなげること
で，スマホからエアコンが操作できるのだ．例えば，外出している
ときに，自宅に着くちょっと前にエアコンのスイッチを入れておく
とか，そんなことができる．出かけた後に，「もしかしてエアコンの
スイッチを切り忘れたかも！」と思ったときもスマホから確認する
ことができるし，本当に切り忘れていれば，スイッチを切ることも
できる．そして冷蔵庫も，最新の機種ではインターネットにつなが
るものが増えてきている．まだちょっとしたことしかできないのだ
が，卵が残り何個か，牛乳がどれくらい残っていそうかをスマホか
らわかるようになってきている．ちょっと先の未来には，ネットに
つながる「モノ」がどんどん増えていくことになるだろう．少しずつ
商品が出てきているのは，電球だ．電球のスイッチをスマホからオ
ンオフできるようになってきている．これはさきほどのエアコンと
同じで，電気を切り忘れても外出先から確認できるという機能だ．
　このように，いま，身近な「モノ」がどんどんインターネットにつ
ながるようになってきている．こういった技術は——まったくその
ままのネーミングなのだが——「モノのインターネット」と呼ばれ
ている．英語だと「IoT（Internet of Things）」と呼ばれる．読み方は
「アイ・オー・ティー」だ．「IoT という言葉は聞いたことがある！」
という人もいるのではないだろうか．ぜひみなさんも格好よく，IoT
という言葉を使っていこう．今はまだ始まったばかりなのだが，IoT
が進んでいくとたくさんの便利なことができるようになってくる．
さきほどの冷蔵庫の話に戻るが，今はまだそれほどのことができな
い．卵の残りの数がわかるだけでは，「うーん，それだけ？」と思う
方も多いのではと思う．しかし，これに画像を認識する機械学習の
機能が使えるようになってくると話が大きく違ってくる．冷蔵庫の

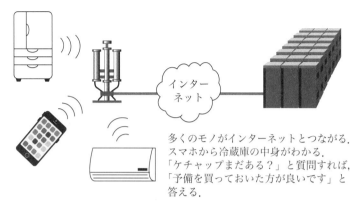

多くのモノがインターネットとつながる．
スマホから冷蔵庫の中身がわかる．
「ケチャップまだある？」と質問すれば，
「予備を買っておいた方が良いです」と
答える．

図1・5　モノのインターネット，IoT

中にカメラが付いていて，その画像を見てコンピュータが冷蔵庫の中にあるものを理解してくれて——これにはインターネットの向こう側にあるコンピュータが活躍するだろう——冷蔵庫の中にあるものの一覧を表示してくれたり，買い物のためにスーパーマーケットに入ると，スマホに「ケチャップが少ないので買いましょう」と表示されたりする．そのようなことが実現できるようになってくる．

　IoT が進んだ時代には，機械学習のレベルが上がれば上がるほど，便利なことができるようになってくる．ということは，今のコンピュータよりもレベルの高い機械学習ができる量子コンピュータが活躍する場面がたくさんあるということだ．IoT の便利さは，まだまだ簡単なことしかできないのが現状だ．これが機械学習と合わさることでより便利で楽しいことができる時代がやってくる．そして，その向こうに量子コンピュータの登場によって，想像を超えるようなことがあたりまえにできる時代がやってくる．

1 量子コンピュータってなあに

生活から離れたところでも使われるコンピュータ

さて，次に生活から離れたところで使われているコンピュータの話をしよう．ここまでに出てきた話の中では，薬をつくる話がそうだ．あたりまえだが，私たちが生活の中で薬をつくることはありえない．薬をつくる会社の人たちとか，大学や研究所で薬の研究開発を行っている人たちといった，薬の専門家がすることだ．このような，ある分野の専門家だけのコンピュータの使い方というものがある．専門家だけの使い方なのだが，結果としてでき上がる薬は私たちの生活を豊かにしてくれる．私たちが生活の中でそのような使い方をすることはないが，周り回って私たちの生活をよりよくしてくれる．そのようなコンピュータの使い方がある．

比較的身近な例は，建物の耐震計算だ．建物が地震に強いかどうかは，コンピュータが計算している．これはアパートでもマンションでも，一軒家でも大きなビルでも，どれも同じだ．建築士が設計した建物が地震に強いかどうかを判断するために，設計図をコンピュータに入力して計算するのだ．コンピュータは，その建物がどれくらい地震に強いかを判定してくれる．もし地震に弱いようであれば，建築士は設計をやり直す．これは建築士だけのコンピュータの使い方だが，私たちの生活にとってはとても大切な使い方の一つだ．

株取引など，金融の世界でもコンピュータは活躍している．株取引では，どこかの会社の株を買って，値段が上がれば儲かって，下がると損してという話になる．一つの会社の株だけを買うときは，上がるか下がるかの一発勝負になってしまう．銀行がたくさんの株を売買するときにはそうはいかない．銀行はお金を預けてくれた人に利子を付けるために，預かったお金で株取引などを行って儲けを出している．お金を預ける私たちからすれば，一発勝負して損をして

倒産してしまうような銀行にはお金を預けたくはない．だから，銀行はもちろん儲けを出したいのだが，損をするリスクは減らしたいのだ．もちろん，損する可能性をゼロにはできない．このようなことを考えるとき，銀行や証券会社はいろいろな会社の株を少しずつ買う．いろいろな会社の株を買うので，儲かるものも損するものもあるだろうが，全部が損をする可能性は低いので，一発勝負ではなくなるのだ．そうなると，どんな会社の株を組み合わせて買うのかということを考える必要がある．このような株の組み合わせはポートフォリオと呼ばれる．銀行は，損する可能性が低くて儲かる可能性が高いポートフォリオを必死に考えているのだ．このポートフォリオを考えるときには，コンピュータを使って儲かる可能性・損する可能性を計算している．

コンピュータにもいろいろな使い方があることがわかってもらえたのではないかと思うが，そんな中でも量子コンピュータが活躍するのが，何かの材料について良いものかどうかを計算する材料計算だ．これまでに出てきた薬の話も，薬の材料である化学物質について計算しているから材料計算の一つだ．ほかにも，タイヤの材料であるゴムの計算を行って，もっと車が安全に走れるようなタイヤの材料を探す，なんていうのも材料計算の一つだ．私たちの生活で使っているものには，どのようなものにも必ず材料がある．化粧品には化粧品の材料があるし，電池には電池の材料がある．みなさんはスーパーコンピュータという言葉を聞いたことがあるだろうか？「スパコン」と呼ばれることが多い．現代のコンピュータの中で一番性能が良いのがスパコンで，日本でも最近では「富岳」や「京」という名前のスパコンがつくられてきた．今のコンピュータの中で最高性能をもつのがスパコンなので，今の時代でも最も難しい大変な計算

を行うために使われている．実は，スパコンで行われる計算の多く
が材料計算なのだ．材料計算は，それだけ難しい計算で，量子コン
ピュータが大得意なのである．量子コンピュータが活躍するように
なると，材料計算は驚くほどレベルが上がると考えられている．ス
パコンを使ってもなかなかわからなかった材料の良し悪しが，量子
コンピュータの力によってわかるようになるのだ．量子コンピュー
タがお肌の老化を完全に防いでくれる魔法のような化粧水の材料を
見つけてくれるなんていうときが来れば，女性のみなさんはとても
嬉しいことでしょう！

(iv) コンピュータは分業する

　さて，コンピュータにはいろいろな使われ方があることを理解し
てもらえたのではないかと思う．そして，多くのコンピュータに囲
まれていること，また生活から少し離れたところからも周り回って
コンピュータの恩恵を受けていることも理解してもらえたのではな
いかと思う．

　ここまでの話のキーポイントは，私たちの手元にあるスマホをはじ
めとするコンピュータは単独で動いているわけではなく，インター
ネットの向こう側にある大型コンピュータと協力していろいろな機能
を実現しているということだ．今のコンピュータは，インターネッ
トの向こう側とこちら側で分業体制をとって，いろいろな機能を実
現しているのだ．そして量子コンピュータは，インターネットの向
こう側で活躍する大型コンピュータの一種だ．スマホにとって量子
コンピュータは，未来の分業相手になるコンピュータだ．

　実はこの分業体制，インターネットの向こうとこちらだけではな
く，こちら側にあるスマホの中でも別の分業体制がとられている．
スマホのコンピュータと一言で言ってきたが，実はスマホの中には

何種類かのコンピュータが入っていて，分業体制をとってスマホの機能を実現している．重要な役目を果たしているいくつかのコンピュータを紹介しよう．まず中心となる司令塔，キャプテンであるCPU（セントラル・プロセッシング・ユニット）だ．難しい名前も書いておいたが，難しいので「CPU」という言葉だけわかれば大丈夫だ．CPUは，スマホで行われるすべてのことに指示を出している．また，自分でいろいろなことをしてみせる，万能選手だ．ちょっと昔のスマホでは，かわいそうに，仲間がいなかったのでCPUだけで何でもしていたのだ．でもCPUは何でもそこそここなせる，器用な選手だからよかった．一人でもスマホに必要なことを全部こなしていた．しかし，だんだんとCPUだけではできないことが増えてきた．特に動画だ．写真だけのころはまだ良かったのだが，動画は重たくて，CPUだけでは大変になってしまった．そこで助っ人として登場した最初の仲間がGPU（グラフィックス・プロセッシング・ユニット）だ．GPUはCPUのように何でもできる器用な選手ではないのだが，画像や動画を表示したり編集したりすることはCPUよりもずっと得意だ．そこで，CPUは画像や動画についての仕事はGPUに助けてもらうことになったのだ．そして，さらにGPUがギブアップしてしまうような画像の仕事をしなければいけなくなった．それが画像認識だ．今のスマホは顔をカメラに向ければパスワードの代わりになる．これも画像認識の一つだが，そのプロフェッショナルが必要になってきたのだ．そこで登場したのがNPU（ニューラル・プロセッシング・ユニット）だ．このように，今のスマホはCPUを中心に，助っ人であるGPUとNPUの三人一組のコンピュータで動いているのだ．助っ人の二人がきてくれたので，スマホはとても高機能になることができたわけだ．助っ人たちをまとめて呼ぶ，グループ

1 量子コンピュータってなあに

名のような名前があるので紹介しておこう．助っ人たちは，アクセラレータと呼ばれる．車のアクセルと名前が似ているが，アクセルは車を加速させたいときに踏むものだ．助っ人たちがいるとスマホの性能がよくなる，つまり，動作のスピードが上がるので，アクセラレータと呼ばれている．

　では，インターネットの向こう側にある大型コンピュータの分業体制はどうなのだろうか．大型コンピュータの場合も，基本的にはCPU・GPU・NPUの三人組が分業している．それだけではなく，もっと別のことを得意とするアクセラレータが加わっている場合もある．「なんだ同じじゃないか」と思うかもしれない．しかし，大型コンピュータの三人組は，それぞれがスマホの三人組よりも能力が高い．しかも，それだけではなく，大勢で仕事をしている．100人，200人ではない．それぞれが数万人という人数だ！　これだけいれば，いろいろな難しい仕事ができる．しかも，スマホがやるより圧倒的に早く仕事が終わる．スマホにとってインターネットの向こう側にある大型コンピュータは，超強力な助っ人だということが理解してもらえるだろう．

　量子コンピュータは，この大型コンピュータに新しい助っ人として，つまり新しいアクセラレータとして加わることになるのだ．量子コンピュータは万能選手であるCPUの代わりになるわけではない．GPUやNPUの代わりになるわけでもない．CPUを助けて，CPUにも他の仲間もできないような難しい仕事を担当して，仲間たちと一緒に仕事をこなしていく，スペシャリスト型の新しいコンピュータなのである．

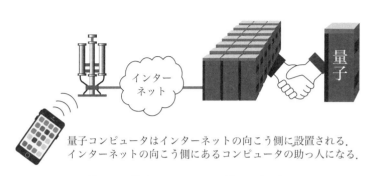

量子コンピュータはインターネットの向こう側に設置される．
インターネットの向こう側にあるコンピュータの助っ人になる．

図1・6　量子コンピュータは新しい助っ人

1.3　量子コンピュータはどう活躍するのか

⑴　量子コンピュータが得意な仕事

　スペシャリスト型である量子コンピュータは，どのような仕事が
得意なのだろうか．これまでに出てきた量子コンピュータが得意な
仕事をもう一度復習してみよう．ただその前にちょっと一つ．ここ
からは「仕事」ではなく「問題」と呼ぶことにしよう．これは専門家
が使う言い方だ．というのも，コンピュータは日本語で言うと計算
機，計算をすることでいろいろな仕事をしてくれるものだからだ．
コンピュータにとっては，コンピュータがする仕事はすべて計算問
題を解くことなのだ．計算問題を解くことによって，いろいろなこ
とをしてくれている．ゲームも動画も音楽も，コンピュータにとっ
てはすべて計算問題なのだ．ちょっと不思議に思うかもしれないが，
コンピュータにとってはそう見えている．そこでコンピュータの気
持ちになって，しかも専門家のようにかっこよく，「問題」という言
葉を使ってみよう．

　最初に出てきたのは，カーナビのルート検索だ．これは数百台と

1 量子コンピュータってなあに

いう多くの車のベストなルートをまとめて考えるというものだった．
次に出てきたのは，宅配便の配送ルートの話だった．道順の話が
二つ出てきた．どうも量子コンピュータは，ベストな道順を考える
ことが得意らしい．ベストなものを考えること，これは日本語で言
うと「最適化」だ．いろいろな道順がある中で，最適なルートを考
えてくれるわけだ．道順というものは，最初に通る道はこの国道，
次に通る道はちょっと細い道，その次に通る道はまた違う道…とい
うように，道路の「組合せ」でできている．量子コンピュータは「組
合せ」を「最適化」しているのだ．これは——そのままなのだが——
「組合せ最適化問題」と呼ばれる．量子コンピュータが得意な問題そ
の1は，組合せ最適化問題だ．

　この何かを最適化するという問題は，世の中にとてもたくさんあ
る．ルートの最適化は一番身近なもので，電車の乗換もその一つだ．
また，銀行の株取引の話もしたが，これもどのような株を組み合わ
せて買うと一番良いのかということを考えるので，組合せ最適化問
題の一種だ．仕事によってはシフト制で働いている方も多いと思う
が，このシフトを考えるというのもそうだ．メンバー全員の希望を
聞いたうえでシフトを考えるというのはなかなか難しい作業だ．大
きな荷物を積み込む作業もそうだ．例えば，飛行機に荷物を積み込
むとか，船にたくさんの車を積み込んで外国に輸出するというよう
な場面を想像してもらいたい．限られたスペースに多くの荷物を積
み込むのは大変なパズルなのだが，最適化してなるべく多くの荷物
を一度に運べた方が良いので，ぜひ最適化したいという物事の一つ
だ．このように，身近なところからそうではないところまで，世の
中には組合せ最適化問題があふれている．こういった問題は人間が
考えるのではとても難しい．かといって，今のコンピュータはあま

り得意ではない．だから，これが得意な量子コンピュータが使える
ようになれば，世の中がもっと便利になる，仕事の効率が上がって
楽になる，そのように考えられている．これが量子コンピュータへ
の期待の1番目にあるものだ．

　次に期待されているのが，機械学習だ．これはスマホで撮った写真
に写っているものを理解してくれたり，写っている人物ごとに分類し
たりする画像認識という話の中で出てきたことだ．コンピュータが
勉強して理解してくれるので，機械学習と呼ばれているものだった．
機械学習は，今のコンピュータではNPUが得意とするものだ．これ
は量子コンピュータが得意とする問題の2番目だ．量子コンピュー
タが登場すれば，今までよりもさらに難しい問題を学習して活躍し
てくれると考えられている．ただ，得意なのは間違いないのだが，
NPUよりも性能が出るかどうかはまだきちんとはわかっていない．
「俺も得意だ！」と量子コンピュータは言いながら，競争している途
中なのだ．この本を書いている今の段階では，多くの専門家や研究
者が，どちらの方が，能力が高いか調べているところだ．それでも
多くの専門家や研究者が，量子コンピュータの方が，能力が高くな
ると考えている．なぜ，まだわからないかというと，人間が勉強す
る能力を比べるのが難しいのと同じようなものだ．人間の場合でも，
テストで良い点数をとり，偏差値が高いからといって，それがすべ
てではない．自分の偏差値より高いレベルの学校に挑戦して，本番
の入学試験になれば，たまたま出題された問題が得意で，その学校
に合格するような人もいる．勉強の実力というものを測るのはとて
も難しいのだ．これはコンピュータにも同じことが言えて，機械学
習の実力を測るというのはとても難しい．だから専門家や研究者の
間でも，まだ量子コンピュータの機械学習の実力を測りかねている

1 量子コンピュータってなあに

のだ．私は，量子コンピュータの実力にとても期待している．ぜひ実力を発揮して，今のコンピュータをはるかに超える機械学習能力を見せてほしいと思っている．

　さて，3番目に出てくるのが薬をつくる話の中で出てきた材料計算だ．これもちょっとかっこいい言い方がある．材料というものは，化学的につくるものだ．だからこれは，「量子化学計算」と呼ばれる．例によって，ここからは専門家のように「量子化学計算」という言葉を使っていこう．量子化学計算は，薬・タイヤ・化粧品の話のところで出てきたように，材料の性能を予想するための計算だ．これは良い材料だ！　良くない材料だ！というように，良いか悪いかももちろん判断できる．しかし，量子化学計算の使い方はそれだけではない．例えば，材料のつくり方を考えるときにも役に立つ．良い材料だとわかっても，次のステップではそれをどうやってつくるのかを考えなければいけないのだ．ここで，中学の頃に習った化学反応を思い出してもらいたい．酸素と水素を反応させると水ができるというものだ．何かの材料というものは，このような化学反応でつくられていることが多い．水ができる化学反応はもうよくわかっていて，今さら特に調べることはない．しかし，これが新しい材料をつくるための化学反応を考えるとなると話が違う．どうすればつくれるのか，それをしっかり考えていかなければいけない．そのようなときにも，この量子化学計算が役に立つのだ．材料の世界というのはとても奥が深くて，ただ良い悪いだけではなく，つくり方も考える必要がある．また，どうして良いのか，悪いのかを考えると，さらに良い材料をつくるためのヒントになったりする．そのような奥が深い材料の世界を，得意技の量子化学計算で広げてくれる．それが量子コンピュータに期待されることのもう一つだ．

　さて，最後の4番目だ．これは今までの話の中で出てこなかったものだ．この得意な問題，実は量子コンピュータが考えられた当初から，早い段階でわかっていた量子コンピュータの得意技である．しかし，身近でもないし，好きではない人が多いと思うので，話題には出してこなかった．それは「因数分解」だ．これは数学が嫌いな人にとっては，数学で嫌なものナンバーワンといってもよいようなもので，この言葉を聞いただけで嫌になってしまう人もいるだろうから話には出してこなかった．しかし，最後にちょっとだけ話をさせてほしい．量子コンピュータは因数分解がとても得意だ．その得意さ加減は，今のコンピュータとはまるで違う．とはいえ，だからなんだ，因数分解が解けたから何の役に立つんだと言われてしまうかもしれない．その通りで実はこれ，量子コンピュータのちょっとネガティブな得意技なのだ．因数分解が得意なコンピュータが登場すると，困ったことに現代の暗号がすべて破られてしまう．暗号というとスパイ映画のような別世界の話に感じるかもしれないが，とても身近に使われているものだ．ネットショッピングをするとき，みなさんはクレジットカードで支払うことが多いと思う．このクレジットカードの情報を，他人には知られることなく安全にインターネット上でやりとりできるのは，暗号で送られているからなのだ．多くのみなさんも，何気なくスマホで買い物していると思うが，買い物のときには暗号がスマホから送られている．そして，現代の暗号は実は因数分解の原理でできている．だから，因数分解が超得意な量子コンピュータは，困ったことに暗号を解読してしまうのだ．これは大変なことになる．安全に買い物ができなくなる．これだけだとまずいのだが，人間の知恵はすごいもので，すでに量子コンピュータにも破れない暗号，耐量子暗号と呼ばれるものが考え出されてい

る．これは量子コンピュータにも破れないが，人間にはもちろん，今のコンピュータにはまったく破れない複雑な暗号だ．このような暗号が登場すると，私たちがインターネットを使うことが，今よりもずっと安全になる．暗号を破ってしまう量子コンピュータが登場したことによって，もっと安全な暗号が考え出されたのだ．これは私たちの生活にとってはとても良いことだ．この暗号の話，量子コンピュータがネットの世界をより安全にするわけだが，でも，それは量子コンピュータが良くないことをしてしまうからという，ちょっと変わった量子コンピュータの影響だ．

(ii) 量子コンピュータの種類

　次は，量子コンピュータの種類を紹介しよう．実は量子コンピュータには，大きく分けて2種類がある．まず1番目は，組合せ最適化問題と機械学習が得意な「量子アニーリングマシン」だ．カナダにあるD-Waveという会社が初めてつくって売り出した．これは量子コンピュータ全体としても初めて売り出されたものだったので，いよいよ量子コンピュータができた，普通に買えるようになったと，とても大きなニュースになった．今は量子コンピュータがとても話題となっているが，きっかけになったニュースでもある．この量子アニーリングマシンは，解ける問題が限られている．四つの得意技のうち，二つしか対応できないのだ．それに対して四つともすべて解ける万能型の量子コンピュータが「汎用量子コンピュータ」だ．これにはもうちょっと難しい呼び名もあるのだが，この本では簡単なこちらの名前で呼ぶことにする．これは万能だ．得意技全部ができる．

　さてここで，「んん？　だったら汎用量子コンピュータだけでいいんじゃないか…」と思わないだろうか？　「全部できるやつがいるのに，二つしかできないやつが必要なのか，量子アニーリングマシ

ンいらないんじゃないか…」と．実はこれ，そんなに話は簡単では
ないのだ．これまで，話してきたように，量子コンピュータが得意
な問題で生活に密着するのは，量子アニーリングマシンの二つの問
題だ．しかも，量子アニーリングマシンは仕組みがシンプルで，つ
くるのがちょっと簡単ということもあるのだ．そうなると，量子ア
ニーリングマシンの存在価値がある．つくるのがちょっと簡単だし，
大切な問題はきちんと解いてくれる．だから，量子アニーリングマ
シンはきちんと使い道があるのだ．

　ここで汎用量子コンピュータの話を少ししよう．「汎用」という言
葉は，「いろいろなことに使える」という意味だ．そう，汎用量子コ
ンピュータはいろいろなことに使える．なんと汎用量子コンピュー
タは，今のコンピュータの代わりにもなる．CPUにもGPUにも
なる，万能コンピュータなのである．だが，弱点がある．今のコン
ピュータの代わりをさせようとすると，ほとんどの計算で今のコン
ピュータより遅いのだ．例えば，量子コンピュータは足し算が遅く，
苦手なのだ．むしろ今のコンピュータの方が速い．このように，量
子コンピュータは何でもできるのだが，だからといってなんでも得
意なわけではないのだ．量子コンピュータが今のコンピュータより
も得意で，速く計算できる問題というのは限られている．その代表
的なものが，ここまでに見てきた四つの得意技（組合せ最適化問題，
機械学習，量子化学計算，因数分解）だ．この四つについては，量子コ
ンピュータは今のコンピュータに負けない計算能力を発揮する．だ
から，CPUにはなれなくてスマホの中には入れないけれども，イ
ンターネットの向こう側で得意な計算を担当して，アクセラレータ
として大型コンピュータを助ける役目となるのだ．ここでみなさん
に間違えずに知ってもらいたいことがある．汎用量子コンピュータ

は「汎用」という，何でもできることを意味する名前が付いている．確かに何でもできるコンピュータなのだけれども，今のコンピュータよりも速く計算ができる問題は限られているということだ．量子コンピュータはとても期待されていて，間違いなく性能はとても高く，私たちの生活をよりよくしてくれるだろう．しかし，量子コンピュータはなんでもできるわけではない．ぜひ本書を手に取ってくれたみなさんには，量子コンピュータの役目を正しく理解してもらいたいと思う．

(iii) 量子コンピュータの得意な問題はこれだけか？

　ここまでの話の中で，量子コンピュータが得意とする四つの問題が出てきた．思ったより少ないなという印象を受けている方もいるのではないだろうか．実のところ，私もそう思う．得意な問題は少ないが，世の中のためになる重要な問題を解くことができる，それが量子コンピュータだ．ここまでの話で出てきた四つのほかに，得意な問題として有名なものはあと一つ，二つある．それほど多くはないのだ．

　しかし，今後量子コンピュータが得意な問題が新しく見つかる可能性がある．いま，多くの専門家・研究者が，量子コンピュータが得意な問題をさらに見つけようと努力をしている．これは例えると，子供が得意なことというのは，大人になるにつれて新たに見えてくることに似ている．幼稚園のころはそうでもなくても，小学校に入って身体が成長してきたら実は足が速かったというように．そう，量子コンピュータはまだまだ子供なのだ．これから大きく成長していく，つまり性能が良くなっていくにつれて，新しく得意な問題が見つかってくる可能性はまだまだある．

　実は，これまでに紹介した量子コンピュータが得意な問題という

のは，理屈のうえでは得意だと考えられている問題だ．コンピュータの世界では，理屈のうえで得意なのであれば，実際にも得意であることは間違いないだろう．しかし，これからの未来に性能の良い量子コンピュータを多くの人が使えるようになってくれば，理屈だけでは気づかなかった．もっと多くの得意な問題が見つかってくる可能性がある．量子コンピュータの使い方がわかってくるという言い方でも良いかもしれない．そもそも考えてみてほしい．今のコンピュータをつくった人たちは，こんなにコンピュータが小さくなりスマホになり，子供がゲームをして遊ぶような世界を想像していただろうか？　なんといっても最初のコンピュータはとても大きく，コンピュータを置くために特別に広い部屋を用意して，高さも天井まで届くようなサイズだったのだ．一家に1台なんていうサイズではなかったのだ．そんなに大きいコンピュータの性能はどんどんと良くなり，またサイズも小さくなっていった．そして一家に1台どころか，一人で何台ももつという時代になった．そしてまた，あるときに，コンピュータの開発者たちは想像もしなかったであろう，コンピュータでゲームをつくる人が出てきたのだ．このように，今では想像もできないような量子コンピュータの使い方が，この先に見つかってくるだろう．今では想像もできないような量子コンピュータの使い方がどのように私たちの生活を便利で楽しいものにしてくれるのか，期待をしていてもらいたい．

⒤ 量子コンピュータはもうできている

　ここまでの話の通り，量子コンピュータはまだ性能が良くない．でも，もうできている．だから，みなさんも使おうと思えばすぐに使える．インターネットを利用して，ネットの向こう側にある量子コンピュータを使うのだ．なんなら，スマホからでも使うことがで

きる．ちょっと画面が小さすぎるので，パソコンからの方が使いやすいとは思う．

　いま，量子コンピュータはいくつかの機種がある．それぞれ違う会社がつくっていて，まだまだ性能は良くないのだが，使ってみることはできるのだ．なんと，無料で使える量子コンピュータもある．機能限定版なのだが，IBMというアメリカの会社がつくっているIBM Qという量子コンピュータが無料で試すことができる．これは汎用量子コンピュータだ．ほかの機種については，いろいろな機種を使うことができるまとまったサービスをAmazonが行っている．みなさん，Amazonはおなじみでしょう．そう，ネットショッピングのAmazonだ．ネット通販の会社が量子コンピュータなんて取り扱っているのかと，驚く方もいるかもしれない．これまでの話にも出てきたように，インターネット上のサービスでは，インターネットの向こう側のコンピュータが活躍する．だから，ネットでサービスをしている会社，いわゆるIT企業にとっては，コンピュータの力が重要なのだ．よりよいコンピュータを使いたいと誰よりも思っているのは，IT企業なのである．だから，世界中の有名なIT企業は，多くの会社がコンピュータの技術を研究している．日本の会社であれば，ソフトバンクや楽天，メルカリなどがコンピュータ技術の研究所をもっている．海外の会社でも，google，Microsoft，そしてAmazonなどがそうだ．そのようなIT企業は，当然，未来の高性能コンピュータである量子コンピュータに注目して使い方を考えている．それだけではなく，なんと実際につくろうとしている会社もあるのだ．こういった会社は，今まではコンピュータをつくっていたわけではなく，コンピュータを使ってサービスをしていただけだった．でも量子コンピュータの時代になって，コンピュータを

つくるところから取り組む会社が出てきたのだ．なぜIT企業が量子コンピュータをつくろうとしているかというと，これから量子コンピュータの性能を良くしていくためには量子コンピュータのつくり方がとても重要になってくるからだ．IT企業は，誰よりも性能の良い量子コンピュータを，誰よりも早く手に入れたいのだ．だったら自分たちでつくるところからやってしまえ！というのが彼らの考えだ．

　しかし，まだ今の段階ではその威力が存分に発揮されるような素晴らしい性能が出る量子コンピュータのつくり方はわかっていない．世界中の研究者が，その方法を考え出そうと一所懸命になっている．今のまま頑張ってつくっていけば，いつかそのうち性能の良い量子コンピュータができあがるということはない．量子コンピュータはもちろんできているのだが，性能が良くなるという保証はないのだ．どうすれば性能が良い量子コンピュータがつくれるか，知恵を出してつくるための新しい技術を次々と生み出していく必要がある．そんな技術をつくり出そうと世界中が頑張っていて，私もそのような研究者の中の一人だ．性能の良い量子コンピュータを日本から生み出すことができれば，とても素晴らしいことだとは思わないだろうか？　みなさんにも，そのために日夜努力をしている私たち量子コンピュータの研究者を応援してもらえると，とても嬉しい．

② 量子コンピュータ の基礎

　ここからは量子コンピュータの仕組みをお話ししていく．でも量子コンピュータの前に，今のコンピュータの仕組みについてお話しする．量子コンピュータは未来のコンピュータなので，まずはその基礎となる今のコンピュータを知っていこう．

2.1　今のコンピュータの仕組み

(i)　コンピュータにとっての数字

　それでは，今のコンピュータの仕組みについてお話をしていこう．ここからは面倒なので，「今の」を省略して単純にコンピュータと呼ぶことにしよう．

　コンピュータは日本語にすると「計算機」だ．そう，コンピュータは計算するのだ．計算するときに使うのは数字だ．みなさんは当然計算はできるわけで，0から9までの10種類の数字をいつも使っている．では，コンピュータはどのような数字を使って計算しているのだろうか？　「難しい話が始まりそうだな」とは思わないでほしい．とっても簡単だ．なんと，コンピュータは0と1の二つの数字しか使えない．ちょっと驚かないだろうか？　小学生ならもちろん幼稚園児でも，0から9までの10個の数字がわかる子供はいる．それなのに，コンピュータは0と1しかわからないのだ．そう，すごいもののように思えるコンピュータも，ちょっと赤ちゃんぽい感じがする．

そうなると，次の疑問は「2はどうなるの？　3は？」となる．答えは，コンピュータにとっての2は「10」だ．「じゅう」ではなく，「イチゼロ」と読む．3は「11」だ．「じゅういち」ではなく「イチイチ」と読む．なんだか脳トレのような話になってきた．

では，その仕組みを説明しよう．みなさんがいつも使っている0から9の数字，9の次はいくつだろうか？　そう，10（じゅう）だ．これはどういうことかというと，0から9の全部の数字を使い切ると，次の位に進むのだ．一の位の10個の数字を使い切れば，十の位に桁が進んで，一の位がゼロに戻る．10個の数字を使い切ると次の桁に進むので，私たちが普段使っている数字は10進数と呼ばれる．これがコンピュータの場合，0と1の二つしか数字がないわけだ．そうなると，この二つの数字を使い切ってしまえばどうなるかというと，同じように桁が進むのだ．だから，コンピュータの場合，0の次は1だが，その次はもう数字がないので桁が進んで10（イチゼロ）になるのだ．そして，その次は11（イチイチ）だ．このように，コンピュータの数字は二つの数字を使い切ると次の桁に進むので，2進数と呼ばれる．

このように，コンピュータは0/1だけですべてのことをこなしている．例えば，みなさんがスマホで撮影した写真も，コンピュータの中ではたくさんの0/1どちらかの数字となっているのだ．でも，写真データに必要な数字の数はとても多い．コンピュータの中では「01101111011101011……11」というような感じで，写真データは数字になっている．そして，その数字の数は，スマホで撮る写真1枚あたりではなんと約1 670万個だ！　私たちがこのように多くの数字を使いなさいと言われれば，絶対に無理なのだが，これができてしまうのがコンピュータのすごいところだ．0/1の二つの数字し

かわからないのだが，どんなに多くの数字でも計算することができてしまうのだ．

(ii) 「ギガ」ってなに？

　写真データの量という話になると，みなさんはスマホの「ギガ」を思い出さないだろうか．スマホを買うときに，スマホのストレージ容量というものを必ず選ぶ．「容量をどうしますか？　128ギガと256ギガがありますよ．大きい方がスマホの中に写真や動画がたくさん入りますよ」というような説明をされたことがあるのではないだろうか．ストレージというのは日本語にすると「格納庫」で，名前の通りデータを入れておくところだ．その容量が大きい方がたくさん写真や動画が入る．これはわかりやすい．この「ギガ」，言葉で話しているときには「ギガ」と呼ぶが，カタログやホームページには「GB」と書いてある．どうもこの「GB」の「G」が「ギガ」であることは，なんとなく予想できるではないかと思う．では，この「ギガ」というのはなんなのだろうか？　「GB」というのは一体なんなのだろうか？

　実はこの「ギガ」，コンピュータのデータの量の数え方だ．ではここで，コンピュータのデータ量の数え方を紹介しよう．まず，0/1のどちらかで表される一つの数字，これはビットと呼ばれる．0か1の一つの数字なら1ビット，10や11のような二つの数字なら2ビット，101や110のような三つの数字なら3ビットだ．そして，8ビットになると新しい単位が登場する．8ビットは，1バイトだ．両方とも「ばびぶべぼ」で始まるのでややこしいのだが，英語で書くときには「ビット」は「bit」，「バイト」は「Byte」と書く．バイトは最初が大文字なのだ．そしてこの大文字の「B」，ギガの話で出てきた「GB」の「B」がこれだ．つまり，「GB」は「ギガバイト」，これが

省略されて「ギガ」なのだ.

　まずは「GB」の「B」が「バイト」だとわかったところで,「G」,つまり「ギガ」にいこう. そこでみなさんにはおなじみの長さの単位を思い出してもらいたい. ミリメートル［mm］, メートル［m］, キロメートル［km］だ. これはみなさんおなじみのものだと思うが, 1 km は 1 000 m, 1 m は 100 cm, 1 cm は 10 mm だ. 1 km を mm で書こうとすると 1 000 000 mm となり, 数字が多くて大変になってしまう. 数字が多いと面倒なので, 単位が変わるのだ. これ, コンピュータのデータ量の場合も同じだ. コンピュータの場合は, 1 024 バイトが 1 キロバイト［kB］になる. ちょっと中途半端な数字だ. そして, 1 024 キロバイトが 1 メガバイト［MB］だ. 1 024 メガバイトが, 1 ギガバイト［GB］だ. そう, これが「ギガ」の正体だ.「ギガ」とは, コンピュータのデータ量の単位だったのだ.

　1 GB というのはとても大きいデータだ. 1 GB は, 約 10 億バイトだ. 1 バイトは 8 ビットなので, ビットにすると約 80 億ビットだ. つまり, 1 GB のデータは約 80 億個の数字——0 もしくは 1 の数字——でできている. みなさんのスマホのストレージ容量はどれくらいあるだろうか? 私のスマホはちょっと古くて, 64 GB だ. これを数字の数にすると, なんと約 5 120 億個だ. そのようなものすごい数の数字が, コンピュータの中に記憶されているのだ.

⑩　**コンピュータができる計算**

　それではコンピュータの理解する数字がわかったので, 次はコンピュータが行う計算についてお話ししていこう. みなさんが行う計算はどのようなものだろうか? もちろん, 足し算, 引き算, かけ算, 割り算, この四つだ. コンピュータも同じかというと, そうではない. もっと簡単なことしかできないのだ. そう, 数字が 0 と 1

のどちらかしかわからないコンピュータは，計算も簡単なことしか
できないのだ．

　コンピュータのできる計算を紹介していきたいのだが，その前に
また一つコンピュータらしい言葉を使ってみよう．コンピュータが
できる基本的な計算のことを，コンピュータの世界では「演算」と呼
ぶ．ここからはかっこよく，演算という言葉を使っていこう．

　では，コンピュータのできる演算の話をしていこう．全部で六つ
あるのだが，ここでは簡単に三つだけ紹介する．まず，コンピュー
タにとっての最も基本的な演算は「数字をさかさまにする」というも
のだ．どういうことかというと，0であれば答えは1，1であれば答
えは0というものだ．どうだろうか？　驚くほど簡単なものだ．これ
がコンピュータの基本だ．この演算は，相手の言っていることに対
して「そうじゃないよ！」と否定しているような演算なので，NOT
（ノット）と呼ばれる．

　次に紹介する演算は，二つの数字を使った演算だ．「両方1です
か？」という質問に答えてくれる．1と1では，コンピュータは「は
い」の意味で1と答える．これが，0と1だと，コンピュータは「い

図2・1　コンピュータの演算は質問のようだ

いえ」の意味で0と答えるのだ．0と0のときも，0と答える．これは幼稚園児でもできそうだと思わないだろうか？　実に簡単なものなのだ．この両方同じ1かどうかを確認する演算は，AND（アンド）と呼ばれる．

　もう一つだけ二つの数字を使った演算を紹介しよう．XOR（エックスオア）だ．ちょっと名前がややこしい．こいつは，「どちらかだけ1ですか？」という質問に答える．例えば，二つの数字が0と1のときは「はい」の意味で1と答える．1と1のときは「いいえ」なので，0と答えるのだ．

　さて，3種類の演算を紹介した．最初のNOTは一つの数字，コンピュータの言葉でいうと1個のビットを使ったものなので，1ビット演算と呼ばれる．次に紹介したANDとXORは二つの数字，つまり，2個のビットを使ったものなので，2ビット演算と呼ばれる．2ビット演算はあと三つあり，全部で5種類ある．残りの三つはコラムに書いてあるので，勉強してみたい人はぜひ挑戦してみてもらいたい．

　これは計算という感じがしただろうか？　計算という感じがしなかったのではないだろうか．どちらかというと「質問」という感じがする．これは質問したことに対してコンピュータが論理的に答えてくれるような演算なので，論理演算と呼ばれる．ここで一番知っておいてほしいことは，コンピュータがわかる数字はたった二つ，0と1しかないということだ．この二つの数字を使って，二つの種類の演算，1ビット演算と2ビット演算をしている．とても簡単な計算だが，こんな簡単な計算の組合せだけで複雑ないろいろな計算を行っているのがコンピュータなのだ．

コラム　**6種類の論理演算**

　コラムには少し難しめの内容を書くので，読み飛ばしてもらっても構わない．今のコンピュータの論理演算は全部で6種類ある．本文では三つ，NOT・AND・XORを紹介した．残りの三つは全部2ビット演算で，OR（オア），NAND（ナンド），NOR（ノア）だ．ORは日本語にすると「または」という意味だ．「または」なので，二つの入力のうちどちらか一つが1（はい）だと，1（はい）を返答する．NANDはNOT＋ANDという意味で，ANDと反対に答える．NORもNOT＋ORで，ORの反対を答える論理演算だ．

　この6種類で今のコンピュータはできているのだが，その中で万能な論理演算が一つある．それはNANDであり，NANDがあれば，なんでもできる．例えば，1ビット演算のNOTをNANDでつくろうとすると，一つの入力をNANDの二つの入力両方に入れればNOTになる．ちょっとパズルみたいな話だが，NANDを組み合わせていくと，すべての論理演算をつくることができる．興味のある方は，ぜひ考えてみてほしい．答えはネットで調べるとすぐに出てくると思う．ちなみにXORをNANDだけでつくるのは，かなりややこしいことになる．

　このように，NANDはすべての論理演算のベースとなるので，これを専門的には「NAND論理の完全性」と呼ぶ．または「ユニバーサルゲート」と呼ばれることもある．

(ⅳ)　演算を表にまとめよう

　次にコンピュータが足し算をする仕組みを説明しようと思う．その準備として，さきほど説明した演算を表にまとめてみる．ここからの話は，もし難しいと感じれば，2.2章の量子コンピュータの話に飛んでもらいたい．この節と次の節では，コンピュータの仕組みにちょっと近づく少しややこしい話をする．

2 量子コンピュータの基礎

　まずは1ビット演算であるNOTを表にしてみよう．NOTは「さかさまにする」演算だった．0といわれれば，1だ．これをコンピュータの用語でいうと，「入力0には出力1を返す」となる．コンピュータに入ってくるデータを入力といい，計算した結果を出力という．これを表にまとめると，表2・1のようになる．ここでついでにもう一つ，NOTの「マーク」があるので紹介しておこう．NOTのマークは三角に丸がくっついた形をしている．図2・2に描いてあるものだ．このようなマークは，論理演算の記号なので論理記号と呼ばれているものだ．左側から入力が入って右側から出力が出てくるという意味の記号になっている．これはコンピュータがNOT演算を行うことを図に表しているものなのだ．

表2・1　NOT演算・入出力対応表

入力	出力
0	1
1	0

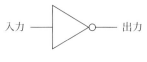

図2・2　NOT演算・論理記号

　次に，2ビット演算のANDを表にしてみよう．ANDは二つの数字を使う演算で，「両方1ですか？」という質問に答えるものだった．1と1なら返事は1，0と1なら返事は0だった．この場合は，二つの数字がコンピュータに入ってきて，一つの数字を返事している．なので，入力が二つ，出力が一つだ．これを表にまとめると，表2・2のようになる．NOTの場合に比べるといくらか複雑になっているが，表にしてみると入力と出力の関係がとてもわかりやすい．さて，ANDにも論理記号があって，図2・3に描いてあるような四角形の片方を丸くした形をしたものだ．ANDの場合は2ビット演算なので，入力が二つある．だから，左側から二つの数字が入ってきて，

右側から一つの数字が出てくるようなイメージを表したものになっている.

表2・2　AND演算・入出力対応表

入力A	入力B	出力
0	0	0
1	0	0
0	1	0
1	1	1

図2・3　AND演算・論理記号

　もう一つ出てきた2ビット演算, XORについても考えてみよう. これは「どちらかだけ1ですか?」という質問に答えるものだった. これ, みなさんも表にできると思うので, ぜひ考えてみてもらいたい. その表は, 表2・3のようになる. XORの論理記号は先がとがったようなものだ.

表2・3　XOR演算・入出力対応表

入力A	入力B	出力
0	0	0
1	0	1
0	1	1
1	1	0

図2・4　XOR演算・論理記号

　さて, 三つの表をつくってみた. このような表は専門用語で真理値表と呼ばれる. この真理値表を使うとコンピュータに複雑な計算をさせる方法がわかるのだ.「なにが真理なんだ」と思われるかもしれないが, ひとまず受け入れてもらいたい. 興味のある人はさわりだけコラムに書いておくので, そちらを読んでみてもらいたい.

> コラム　**真理値表はなぜ真理なのか**

　真理値表という言葉は，一見するとちょっと不思議な言葉だ．コンピュータの演算の話をしていたのに「真理」だなんて，突然哲学のような言葉が出てくる．これは，論理演算の生い立ちが，その名の通り，論理学にあることが理由だ．論理学では，○か×かではっきりと答えが出せる質問のことを命題と呼ぶ．その答えの○×は真偽と呼ばれ，これを真理値という．論理演算は命題に答える演算なので，真理値と呼ばれることになった．

　コンピュータをつくるときには，このような論理演算を実行できる電子回路をつくる．論理演算を実行する電子回路は，ディジタル回路と呼ばれる．論理演算とディジタル回路を結びつけたことは偉大な発明で，現代のコンピュータの基盤となる最も重要な発明の一つとなっている．発明したのは，クロード・シャノンという人だ．シャノンは20世紀初頭の偉大な科学者で，情報理論や通信理論の基礎もつくっている．しかし，シャノンの研究発表の前年には，日本人の中嶋章という技術者が，論理演算とディジタル回路を結びつけるシャノンと同じような論文を発表していた．シャノンが中嶋の論文を知っていたかどうかは不明なのだが，数学的にはシャノンの研究発表の方がより洗練され，現代コンピュータに直接つながる内容だったようだ．

(ⅴ)　足し算をする仕組み

　それでは真理値表を使って，コンピュータに計算をさせる方法を考えてみよう．ここで考えるのは最も簡単な計算，足し算だ．コンピュータの数字である0と1を使って足し算をしてみる．0+0は？答えは0だ．0+1は？　1だ．1+0は？　1だ．1+1は？　2だ．おっと，コンピュータの数字を使わないといけない．コンピュータは「2」を理解できないので，「10（イチゼロ）」と書くのだった．まず，

表2・4　足し算の真理値表

入力A	入力B	出力	
		上の位	下の位
0	0	0	0
1	0	0	1
0	1	0	1
1	1	1	0

　これを真理値表にしてみよう．入力が二つの数字で，出力も「10」を考えないといけないから二つの数字になる．その表は，表2・4のようになる．さあ，これで足し算の真理値表ができたわけだ．この表，じっくりと眺めてみてもらいたい．前に紹介したANDとXORで足し算がつくれるのだ．わかるだろうか？　ANDとXORの真理値表も一緒に眺めてみてほしい．まずは下の位を見てみよう．下の位を見ると，なんとXORの真理値表と同じになっているのだ．次に上の位を見てみよう．これはANDの真理値表と同じだ．そう，二つの入力にXOR演算をすると下の位がつくれ，AND演算をすると上の位がつくれるのだ．コンピュータにはちょっと難しい足し算が，コンピュータが理解できるXORとANDの二つの演算でできるのだ．

　では，足し算を論理記号で描いてみよう．論理記号は演算の「マーク」だった．ここで使うのは，もちろんXORとANDのマークだ．図2・5を見てほしい．まず，二つの入力が2本の道に分かれている．それぞれの道が，XORとANDの論理記号に入っている．そして，XORの出力が1桁目，ANDの出力が2桁目だ．このような図は，専門用語で論理回路図と呼ばれている．実はこの論理回路図を使うと，コンピュータを設計してつくることができるようになる．いま，みなさんと一緒に足し算を考えてきたわけだが，これはまさにコン

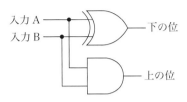

入力 A ——
入力 B ——
下の位
上の位

図2・5 足し算の論理回路図

ピュータの足し算を設計するための方法なのだ．つまり，みなさん
にコンピュータの設計を体験してもらったわけだ．このようなやり
方でコンピュータは設計されていく．もちろん，複雑な計算を考え
るためには頭をひねることになるのだが，考え方は一緒だ．まずや
りたい計算の真理値表をつくり，それを実現するために論理演算の
組合せを考えていく．このようにコンピュータはつくられていき，
いろいろな計算ができるようになっていく．そしてたくさんの計算
を組み合わせ，最後にはスマホができてしまうのだ．

コラム　半加算器と全加算器

　本文で紹介した足し算の論理回路，これは半加算器と呼ばれるもの
だ．なぜ半分の加算機と呼ばれるかというと，これだけでは2桁の加算
しかできないからだ．3桁以上の加算を行うためには，繰り上がりに対
応する必要がある．コンピュータが実際に行う加算は，当然だが2桁で
は足りない．何桁にも及ぶ加算を行う必要がある．それには，繰り上が
りに対応した加算機が必要で，全加算器と呼ばれる．

　全加算器は，二つの半加算器と一つのORでつくることができる．ど
のように組み合わせたらよいだろうか？　もしあなたが論理回路に興味
をもてば，全加算器のつくり方をぜひ考えてみてほしい．これを独力で
つくることができれば，論理回路のセンスがとてもよい．現在，高校生
であれば，コンピュータの道に進むことを考えてもよいかもしれない．

2.2　量子コンピュータの仕組み

⒤　量子コンピュータにとっての数字

　さあ，いよいよここからは量子コンピュータの仕組みを見ていこう．今のコンピュータが理解できるのは0と1という二つの数字だけだった．では，量子コンピュータはどのような数が理解できるのだろうか？　1編でお話ししたように，量子コンピュータは未来のすごいコンピュータだ．今のコンピュータではできない，難しい計算ができるすごいやつだ．一体どれだけのすごい量が理解できるのだろうか？　みなさんはどのように想像するだろう？　「100ぐらい？」，「そこまでは理解できなくて，5ぐらいじゃないの？」，「いやいや，やっぱり億とかいっちゃうんじゃない？」——

　なんと，驚くことに，量子コンピュータが理解できるのはもはや数字ではないのだ．ここで，大変申し訳ないのだが，理系ではない方には受けつけられない言葉を一つ使う．量子コンピュータは，「複素ベクトル」というものを理解できるのだ．ここで，言葉に負けて本を読むのをやめないでもらいたい．このあと簡単に説明する．私としてはもうちょっと読んでもらいたい．まずは，みなさんにこの言葉の難しさを感じてもらいたいのだ．

　この「複素ベクトル」はどういうものかというと，理系の高校生だと数学の時間に複素数というものとベクトルというものを習うのだが，それを組み合わせたものだ．そして，これは理系の大学生が習う数学で出てくるものだ．そう，量子コンピュータは大学生が習うような高度な数学で出てくるものを理解できる．思い出してほしい．今のコンピュータは，0と1しか理解できなかったのだ．それに対して量子コンピュータが理解できるのは，大学レベルの数学だ．これ

はもう，レベルが段違いだ！

(ii)　量子コンピュータが理解するものは？

　では，量子コンピュータが理解する「もの」の正体は一体なんなのか，簡単に説明していこう．さきほどお話ししたように，正確に理解するためには大学レベルの数学を学ばなければいけない．もしあなたが理系の高校生であれば，ぜひ大学を目指して正確に理解できるようになるまで勉強に挑戦してほしい．ここでは，簡単に言うとこんな感じ，という説明をしていきたいと思う．

　量子コンピュータが理解する「もの」の正体は，矢印だ．矢印は，上を向いたり，下を向いたり，左を向いたり，右を向いたりする．あっちこっちを指さすものだ．「うん，矢印はわかる．でもこれ，数字じゃないじゃん．どうやって計算するの？」と言いたくなる．そこでルールを決める．上向きを0に，下向きを1にしよう，と決めるのだ．これは，今のコンピュータの真似をしている．

　「うん，上が0で，下が1ね．それはわかった．じゃ，右や左は？斜めも向くよね？」

　はい，その通り．矢印はあちらこちらを指すことができる．まず，右と左を考えてみよう．これは半分上で，半分下だ．「そりゃそうだ

私には矢印がわかるのだ!!

図2・6　量子コンピュータは矢印を理解する

ろ！」と怒らないでほしい．量子コンピュータは，本当にこうして半分半分として理解しているのだ．「半分半分だったら，0と1の半分だから，0.5じゃないの？」と思われるかもしれない．でも0.5と数字にしてしまうと，右と左が区別できない．量子コンピュータは「向き」を理解できるので，右と左を区別している．半分半分だけれども右向き，半分半分だけれども左向きという感じに，きちんと向きが理解できるのだ．

　「なるほど，右や左は半分半分ね．じゃ，斜めは？」——斜めはほとんど上だけどちょっと下とか，ほとんど下だけどちょっとだ．「そのままじゃん！」と思われるかもしれない．でも，本当にそのままなのだ．さらに，量子コンピュータは左斜めと右斜めの違いも区別できる．このように，矢印の向きを理解できる．それが量子コンピュータなのだ．

　さらに，量子コンピュータは矢印の前向き・後ろ向きも理解できる．量子コンピュータの理解する矢印は立体的なのだ．前後まで考える矢印は絵で描けばわかりやすいので，図2・7を見てほしい．ほとんど上向きだけれども，ちょっと右に下がっていて前の方にも向いているというようなややこしい向きも理解できる．

　では，ここで矢印を思い切って前後左右上下にぐるぐる回すことを考えてみよう．指をぐるぐる回してみてほしい．そうすると，どのような形になるだろうか？　答えは，丸いボールだ．球の形になる．量子コンピュータの矢印は，球の中をぐるぐると動く．この球は，専門用語でブロッホ球と呼ばれている．量子コンピュータの矢印は，ブロッホ球の中をぐるぐると動くのだ．さあ，今日からみなさんも「ブロッホ球知ってるよ！　量子コンピュータだよね！　上が0で下が1でしょ！」と言ってみよう．レベルの高い理系人ほど，

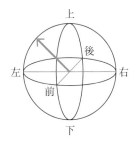

図2・7　量子コンピュータの矢印が動くブロッホ球

突然こんなこと言われたら驚くこと間違いなしだ.

(iii)　計算はどうなる？

　さて，これでみなさんは量子コンピュータが矢印を理解していることがわかった．では，計算はどうやっているのだろうか？　詳しい計算の仕組みはまた後で話をするが，ここではまずは簡単な計算を一つだけ考えてみて，簡単な計算の仕組みを理解しておこう．おっと，コンピュータの世界では計算と呼ばず，演算と呼ぶのだった．今のコンピュータの話をしたときには，いくつかの演算が出てきた．その中で一番簡単なのは，0であれば1となる，NOT演算だった．これを量子コンピュータで実行するにはどうしたらよいかを考えてみよう．まず，0は上向き矢印だ．で，1は下向き矢印だ．0を1にするにはどうすればよいかというと，矢印を回せばよいのだ．簡単でしょう！

　このように，量子コンピュータの演算では矢印を回す．矢印がぐるぐると回って，0になったり，1になったり，半分半分になったりしながら演算する．矢印を回すこと，それが量子コンピュータの演算の仕組みなのだ.

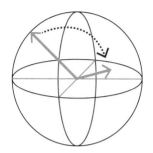

図2・8　量子コンピュータの演算は矢印を回す

⒤　量子コンピュータのデータ，量子ビット

　量子コンピュータが理解する矢印，これは量子コンピュータのデータ
そのものだ．今のコンピュータのことを復習すると，今のコンピュー
タは0と1しか理解できなくて，「01101111011101011……11」
というようにたくさん集まったものがデータだった．そして，一つ
のデータのことをビットと呼んだ．量子コンピュータの場合，理解
するのは矢印だ．だから，データは「←↑↗↘→↓……↑↗」と
いうような感じだ．そして，一本の矢印は——今のコンピュータの
まねをして——量子ビットと呼ばれている．

　量子ビットは上向きが0で下向きが1わけだが，0とか1と書く
と今のコンピュータとの違いがわかりにくい．そこでルールがあり，
量子コンピュータでは「0」，「1」ではなく，「|0⟩」，「|1⟩」と書く．
括弧が付いているのだ．左がまっすぐで右が曲がっていて，ちょっ
と見ない形の括弧だ．この書き方，専門用語ではブラケット記法と
呼ばれている．ブラケットというのは英語で括弧という意味なので，
そのままの言葉なのだが，量子コンピュータの世界ではこの特殊な
括弧を使った書き方をブラケット記法と呼んでいる．ここはちょっ

と正しく説明しておくと，量子コンピュータは量子力学という物理学から生まれたものなのだが，この量子力学で使われている書き方がブラケット記法なのだ．そこから生まれた量子コンピュータも，それにならってブラケット記法が使われている．まずは，こういうルールなんだなと思っておけば大丈夫だ．

2.3 量子コンピュータはなぜすごい？

(i) まずは簡単な問題を考えてみよう

ここからいよいよ量子コンピュータのすごさの秘密を説明していく．そのために，まずは，算数の問題のようなものを考えてみよう．ここには，ある箱がある．この箱には，0か1の数字が5個入っている．でも，その数字はわからない．00100かもしれないし，11001かもしれない．そして，箱には入力と出力が付いていて，入力に正解の数字を入れると，出力が「正解！」という意味で1と出てくる．入力に間違った数字を入れると，出力は「間違い！」という意味で

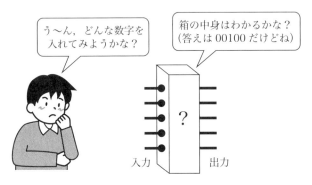

(a) 正解を当てるためには入力はどうする？

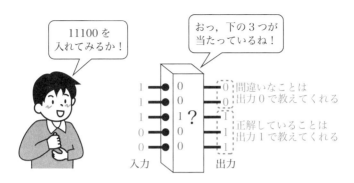

(b) 試しに入力を入れてみると正解・不正解を教えてくれる

図2・9 箱の中の数字を当てる問題

0だ．例えば，正解が00100だったとすれば，入力に00100を入れると，全部の数字が正解なので，11111，全部正解！と出力される．入力に00111と入れると，下2ケタが間違っているので，11100，二つ間違っている！と出力されることになる．さて，正解の数字がわからなかったとき，5個の数字全部を当てるためには，何回ぐらいの入力を試してみれば，確実に全部の数字がわかるだろうか？

ちょっと難しい算数の問題のような感じだが，理解できただろうか．これ，答えは5回だ．5回の入力を試せばよい．その5回は，10000，01000，00100，00010，00001だ（0と1は逆でもよくて，01111，10111…でも良い）．1回の入力について一つだけ違う数字があるのだが，この一つの数字にだけ注目して，残りの四つの数字は考えない．そうすると，10000が入力されたとき，一つ目の1が正解であれば，1が出力され，間違いであれば0が出力される．だから，一つ目の数字が1か0かがわかるのだ．同じように，01000を入力したときは，二つ目の数字がわかる．これを繰り返すと，五つの数字

2　量子コンピュータの基礎

全部がわかるのだ．もちろん，1回で当たってしまうときもあるかもしれない．でも，5回やれば確実だ．実はこのやり方，今のコンピュータの計算方法なのだ．五つぐらいの数字であれば，私たちが考えてもわかるが，これが1 000個や10 000個といった，とても多くの数であれば大変だ．それでもコンピュータは計算することができて，1 000個であれば，1 000回，10 000個であれば，10 000回試せば答えを出すことができる．10 000回試すのは骨が折れるが，時間がかかってもコンピュータは答えを出してくれる．

　さて，これが量子コンピュータであれば，どうなのだろうか？量子コンピュータは何回ぐらいで答えを出してくれるのだろうか？

　量子コンピュータに必要な回数は――，なんと，たったの1回だ．五つの数字でも，1 000個でも，10 000個でも，1回で良いのだ．なんということだろうか！　量子コンピュータは，とてつもなく速く計算ができる．今のコンピュータが10 000回試さないとわからない問題が，たったの1回で解けてしまうのだ．まるで魔法のような計算ができてしまう，それが量子コンピュータだ．

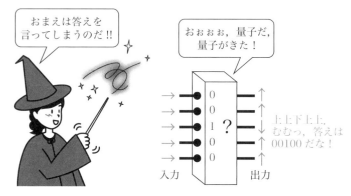

図2・10　量子コンピュータは1回で答えを見抜く

コラム　ベルンシュタインとヴァジラニの問題

　ここで紹介した数字当ての問題は，ベルンシュタインとヴァジラニの問題と呼ばれるものだ．量子コンピュータの威力を説明するための問題の一つなのだが，この問題で説明する人はあまり多くない．多くの場合は，ドイッチュの問題というもので説明する人が多い．こちらの問題も面白いので，興味をもった方はぜひ調べてみてもらいたい．

　ベルンシュタインとヴァジラニの問題は，今のコンピュータの論理回路と合わせて考えることができるので，今のコンピュータをよく理解している人にはわかりやすい問題だと思っている．この本では簡単に紹介するに留めたが，さらに量子コンピュータを学びたい人で，今のコンピュータを理解している人は，この問題を入口に量子コンピュータの仕組みを学んでみると取っつきやすいのではないかと思う．実は私もそのような一人で，ほかの問題を学んだときにはイマイチわからなかったのだが，この問題は理解しやすかった．これを理解したうえでほかの問題も考えてみると，「なるほどそういうことか」と理解することができた．

(ii)　量子コンピュータが速い秘密

　もちろん，このように超高速に計算ができるには秘密がある．その秘密は，「矢印」にあるのだ．少し復習しよう．前にも説明したように，量子コンピュータが理解するのは矢印だ．上を向いていれば $|0\rangle$，下を向いていれば $|1\rangle$ という約束だった．あまり見ない形の括弧は量子コンピュータの0と1を表すときの約束だった．矢印なので，右や左，斜めだとかのいろいろな向きを理解できるものだった．右や左を向いていれば，それは0と1の半分で0.5となるのではなく，上と下が半分半分，つまり，$|0\rangle$ と $|1\rangle$ が半分半分だと理解するのだった．この「半分半分」が量子コンピュータの速さの秘密だ．矢印だか

らできることなのだ．どういうことかというと，半分半分，$|0\rangle$で
もあるし，$|1\rangle$でもあるという，まさに半分半分な状態を量子コン
ピュータは理解できるのだ．このような中途半端な状態，まるで$|0\rangle$
と$|1\rangle$が重なっているかのようにも思えるので，専門用語では重ね合
わせ状態と呼ばれる．

　ここでさきほどの問題に戻ろう．五つの数字を当てる問題だ．今
のコンピュータの場合，10000から00001までの5回の入力を試せ
ばよい．量子コンピュータの場合はこの5回が1回ですんでしまう
のだが，それはどうしてかというと，$|0\rangle$と$|1\rangle$が半分半分の矢印を
五つ並べるのだ．つまり，入力は「→→→→→」だ．そう，横を向
いた矢印は半分半分だから，0でも1でもある．これは，0と1の両
方を，矢印一つが意味しているということだ．つまり，二つの数字
を一度に扱っていることになる．そして，矢印が五つ集まれば，可
能性がある全部の数字の組み合わせを一度に扱うことができてしま
うのだ．これは，今のコンピュータでは何回もの入力を試さないと
いけなかった計算を，量子コンピュータでは1回の矢印の列の入力
でしてしまえることになる．これは今のコンピュータで考えると，
同時にたくさんの計算を行うイメージになる．そのため専門用語で
は量子並列性と呼ばれる．まるで，いくつもの数字が並列して──
並んで同時に──計算されるように思えるからだ．まずは入力につ
いては，このような感じになっているのだ．

　次に，答えである出力はどうなるかを見ていこう．入力は半分半
分だった．半分半分なので，正解でもあるし，間違いでもある．あ
たりはずれも半分半分だとなると，答えは──もちろん半分半分だ．
正解かもしれないし間違いかもしれない．「それじゃ答えがわからな
いじゃん！」と思われるのではないか．実はその通りなのだ．この

ままでは答えがわからないのだ．このままではまずいので，量子コンピュータには答えを取り出すための「トリック」が仕掛けられている．

　このトリックもまた，量子コンピュータの矢印に秘密がある．矢印を2個考えてみよう．まず，左向きの矢印「←」と右向きの矢印「→」をイメージしてもらいたい．この二つの矢印が重ね合わさればどうなるだろうか？　そう，なくなる．反対の向きを向いた矢印は，重なればなくなってしまう．左へ進んで，右に戻ってくれば，もとの位置に戻ってくる．これは，そもそも動いていないことと同じだから，最初から動かなくてもよい．そんなイメージだ．では次だ．左向きの矢印「←」と左向きの矢印「←」の二つをイメージしてみよう．これが重なればどうなるだろうか．そう，左向きの長い矢印だ．このように，同じ向きを向いた矢印は重なると大きくなる．さて，それでいったいなんなんだという話なのだが，これは量子コンピュータが答えを出していく重要なことなのだ．量子コンピュータのデータは矢印だったわけだが，計算の途中で矢印はいろいろな方向にぐるぐると回っていく．その途中で，反対向きの矢印が重なると消えてしまうし，同じ向きの矢印が重なると大きくなる．それが計算の途中で繰り返されながら，最後には不正解のものが消えてなくなっていってしまうのだ．そして，正解だけが大きくなり，それが出力されることになる．そのようなトリックが，量子コンピュータには仕掛けられている．これを利用して，正解を導き出すのだ．この名前，専門用語だと堅苦しい言葉になるのだが，一応紹介しておくと，量子干渉と呼ばれる．一見すると半分半分に正解と不正解が混じってしまいそうな量子コンピュータだが，この量子干渉というトリックによって，正解だけを取り出すことができる．

さあ，まとめよう．ここでは三つの用語が出てきた．重ね合わせ状態，量子並列性，そして量子干渉だ．量子コンピュータが速い秘密，それはまず矢印のデータを理解できること，つまり，$|0\rangle$ と $|1\rangle$ が半分半分の重ね合わせ状態を考えられることが基本にある．そのおかげで，量子並列性と呼ばれる，まるでたくさんの計算を同時並行で行っているかのような計算を実現することができるのだ．これが速さの秘密なのだが，最後に答えを取り出すためには量子干渉と呼ばれるトリックがいることに注意が必要だ．このようにして量子コンピュータは超高速な計算を行っている．

2.4 量子コンピュータの弱点

(i) 答えが取り出せない！？

次にお話しするのは量子コンピュータの弱点だ．ちょっとセンセーショナルなタイトルだが，残念なことに量子コンピュータには弱点がある．さきほど，量子コンピュータの計算結果を取り出すためにはトリックが必要で，それは量子干渉と呼ばれるものだということを紹介した．この「結果を取り出すためのトリック」が曲者なのだ．例えば，足し算を考えてみよう．量子コンピュータは量子並列性があるので，たくさんの足し算を同時に計算することができる．1+1，5+10，3+7…というようないくつもの足し算を同時に実行できる．しかし，その答えは残念なことに，取り出せない．足し算の場合は「結果を取り出すためのトリック」が使えないのだ．

そう，量子コンピュータには「結果を取り出すためのトリック」が使える問題と，使えない問題がある．足し算の場合は，残念なことに使えない．その一方で，さきほど紹介したようなちょっと難しい算数の問題を解くときにはトリックが使える．簡単な問題ではト

リックが使えないのに，ちょっと難しそうな問題ではトリックが使えるなんて，なんだか気難しいコンピュータだ．

　少し違う角度から今の話を考えてみたい．たくさんの足し算を，そもそも同時に計算する必要はあるのだろうか？　そういうことが必要な場面はあるのだろうか？　例えば，買い物を考えてみると，100円のボールペンと50円の消しゴムを買えば，合計は150円だ．消費税を計算すれば，165円だ．このような計算をするときに，同時に100＋60や，110＋50をする必要はない．そう，別に同時にたくさんの足し算などできなくてもよいのだ．だってそうでしょう．足し算をしたいときというのは，普通は数字が決まっている．たくさんの足し算なんて，同時に考える必要はないのだ．

　量子コンピュータにはできることとできないことがあるということを少しずつ感じてきてもらえたのではないかと思う．「足し算はできない」と言ってしまうのは実はちょっと正しくなくて，無理してさせれば，100+50も量子コンピュータは計算できる．だが，今のコンピュータより遅いのだ．わざわざ量子コンピュータにさせる必要はない．そう，量子コンピュータは万能ではない．なんでもできるわけではないのだ．

　もう一度言おう．量子コンピュータにはできることとできないことがある．ただし，できないことというのはまったくできないというわけではなく，できるけど今のコンピュータより遅いので，量子コンピュータを使う意味がないのだ．

(ii)　量子コンピュータの得意・不得意

　量子コンピュータが得意なのは，たくさんの候補から一つの良い答えを見つけるというような計算だ．同時にたくさんのことを考えるのが得意なのだ．さきほど紹介した箱の中の数字を当てる問題も，

どの数字かわからない，つまり，答えになる数字の候補がたくさんあるという問題だ．このような問題，実は，1編で紹介した量子コンピュータの得意な仕事，これはすべてたくさんの候補の中から答えを見つける問題なのだ．カーナビや配送ルートの問題はわかりやすいと思う．カーナビは，たくさんのルートの候補の中から最適な道を見つけてくれるものだ．宅配便の配送ルートも同じで，届けに行く家の順番をどうするかには，たくさんの候補がある．その中から最適なものを見つけるわけだ．画像を見分けて分類する機械学習の話もしたが，これもその画像にはたくさんの候補があり——リンゴかミカンかバナナかというように——，その中から最もそれらしいものを見つけるというものだ．新しい薬や化粧品を開発するための量子化学計算というものも紹介したが，これはちょっとわかりにくい．薬や化粧品は化学物質なので，原子がたくさん集まった分子でできている．簡単な例だと，水 H_2O（水素原子2個と酸素原子1個）や二酸化炭素 CO_2（炭素原子1個と酸素原子2個）が分子だ．このような化学物質では，原子の並びや原子同士の距離，つまり，形が決まっていて，それが物質の性能を決めている．形がわかることがとても大切なのだ．ところが新しくつくる化学物質の場合は，原子の並びや原子同士の距離がわからない，つまり，並び方や距離にたくさんの候補があり，どのような形になるのかがわからないので，良い薬や化粧品になるのかどうかという性能がわからない．これを計算で予想するのが量子コンピュータは得意で，つまり，並び方や距離のたくさんの候補の中から答えを出しているのだ．

　このように，量子コンピュータが得意な問題は全部，たくさんの候補の中から答えを見つけるような問題だ．感覚的には，やはり，カーナビの問題がわかりやすい．カーナビは，どういうルートで目

的地に行くかという問題を考えてくれるわけだが,これを人間がする場合にはどうするだろうか? 私であれば,まず地図を眺めて,大体このあたりの道を使うと一番近そうだなと大雑把にあたりを付ける.次に,一本ずつ道を選びながら,細かくルートを決めていく.そのように,ぼんやり眺めながらだんだんと答えに近づいていくような作業をする.これがまさに量子コンピュータの感覚なのだ.どうすればよいかわからないけれど,なんとなくぼんやりと眺めて,そこから一番良さそうなものを見つける.そのような問題が量子コンピュータは得意だ.なんだか,人間のような感覚をもっている.

　反対に不得意な問題はどのようなものかというと,足し算のような単純な計算問題だ.実は単純な計算問題こそ,今のコンピュータが一番得意とすることだ.今のコンピュータについて説明したときには,今のコンピュータは単純な計算——1であれば0と答えるというような——の組合せで複雑な計算をしていることを説明した.こんな単純な計算は,量子コンピュータはとても苦手だ.これはちょっと面白い.今のコンピュータが得意なことは,量子コンピュータは苦手だ.逆に,量子コンピュータが得意なことは,今のコンピュータは苦手だ.そう,これはまさに——1編でお話ししたように——,量子コンピュータが今のコンピュータの助っ人であるということなのだ.今のコンピュータを助けるために生まれたものが量子コンピュータだ.

⑴　「トリック」が得意・不得意を決める

　得意・不得意がなぜ決まるかというと,それは答えを取り出すための「トリック」が仕掛けられるかどうかがポイントになっている.トリックを仕掛けられる問題では,量子コンピュータは上手に答えを取り出すことができる.反対にトリックが仕掛けられない問題で

は，上手に答えを取り出すことができないので，計算に四苦八苦するのだ．量子コンピュータはどのようにトリックについて四苦八苦しているのだろうか？ 「あー，この問題はトリック仕掛けられないからつらいぜ…」と，量子コンピュータは考えているのだろうか？ 実はこれ，量子コンピュータが考えているわけではないのだ．「つらいぞつらいぞ」と思っているのは，実は人間の方だ．そう，トリックを考えているのは量子コンピュータではない．

　今のコンピュータに100+50をしなさいと指示するのは人間であるように，量子コンピュータにどのような計算をするかという指示は，人間が行う必要がある．そのためには，まず「指示書」を人間がつくらないといけない．この「指示書」は，専門用語では量子アルゴリズムと呼ばれている．これを量子コンピュータに計算させるときには，量子アルゴリズムをさらに細かく手順まで決めてあげる必要があるのだが，これは専門用語で量子回路と呼ばれる．量子アルゴリズムと量子回路という「指示書」と「手順書」が必要になるのだが，これは人間が考えているものなのだ．そして，量子コンピュータが答えを出すための「トリック」は，指示書である量子アルゴリズムに入っている．量子コンピュータが必要とするトリック，それは人間が考える量子アルゴリズムの中にある．

　つまり，どういうことかというと，量子コンピュータが得意な問題は量子コンピュータが自分で考えて見つけるわけではなく，人間が一生懸命に考えて見つけているのだ．1編の最後のところで，量子コンピュータの得意な問題はそれほど多くはないけれども，これからまだまだ見つかってくる可能性があるという話をした．その理由がここにあり，量子コンピュータの得意な問題は，人間が量子アルゴリズムを考えることで見つけているからなのだ．人間が量子コ

ンピュータの特徴を生かした計算方法，つまり，量子アルゴリズム
を考えていて，それを量子コンピュータにさせている．だから，今
はまだわかっていないけれども実は量子コンピュータが得意な問題
というのが，これからまだまだ人間の力で見つかってくるかもしれ
ない．今まさに，多くの研究者が新しい量子アルゴリズムを日夜一
生懸命に考えている．まだまだ子どもの量子コンピュータに，新し
い得意なことを見つけてあげようとしているのだ．

> **コラム** **量子回路ってなんだ**
>
> ここでコンピュータに詳しい方は，「量子回路」というものがよく
> わからなかったのではないかと思っている．このコラムは，そういう
> 方向けに，やや専門的に書く．現代コンピュータに対応させて考える
> と，量子回路というものは量子版の論理回路であり，同時にマシン語
> に相当するものとなっている．ハードウェアに実行させる直前の言語
> だ．当然だが，コンパイルして生成する．「これは回路じゃないだろ」
> と言いたくなると思う．かく言う私も最初はそう思った．どうもこの
> 言葉，元々は「論理回路」と対応させることを優先して生まれた言葉の
> ようだ．量子ゲートを組み合わせてでき上がる論理回路相当のもの，
> それが量子回路だ．しかし，これ，そのままマシン語相当にもなるの
> で，実際の量子コンピュータの動作を考えるときには，「回路」という
> 言葉が理解を混乱させる．

(iv) 「トリック」の正体

　では，なぜ量子コンピュータは「トリック」がないと答えを取り出
せないのだろうか？　まずは簡単に説明しよう．量子コンピュータ
は「半分半分」ができることがすごさの秘密だという話をした．量子
コンピュータのデータは矢印で，上と下が半分半分，つまり，横を

向くことができるのだった．そして，上向きを $|0\rangle$，下向きを $|1\rangle$ と約束して，わかりやすく数字を使って考えるのだった．前に説明したときには，半分半分だから答えがわからないと説明した．これをもう少し詳しく説明したい．なんと，実はこれ，半分半分であることもわからないのだ．「なんだそれ！？」という声が聞こえてきそうだ．ここまで，量子コンピュータのデータは「矢印だ」と説明してきた．矢印が横を向いていて半分半分だとか，矢印が斜めを向いていてちょっと上向きが多いとか．量子コンピュータのデータはこのようにになっていますよと説明した．実際，そうなのだ．量子コンピュータのデータは矢印であって，それがいろいろな方向を向いている．しかし，これを人間が確認することはできないのだ．量子コンピュータのデータの矢印の向きは，「おっ，このデータは斜めだね！」，「こっちのデータはちょっと上向き矢印になっているね！」というようには，人間が知る方法がないのだ．

　どうなってしまうかというと，人間がデータの中身を知ろうとしてデータを見ると，量子データは矢印が上か下のどちらかに変化してしまう．横向き矢印，「半分半分」のデータを見ようとすると，半分の確率で上，半分の確率で下に変化する．そう，10回データを見ると，5回は上，5回は下だ．斜め上の矢印であればどうなるかというと，上が出てくる確率が高い．「だったら何回か見ればわかるじゃないの」と思われるかもしれない．確率なのでサイコロを考えるとわかりやすいのだが，サイコロを振ったときでも1ばっかりが出るときがあるでしょう．そのように，半分半分のデータを見ても8回が上，2回が下というときもある．これだと，実は横向き矢印のデータなのに，斜め上矢印のデータのようにも思えてしまう．このように，量子コンピュータはとても面倒なヤツで，人間にデータの中身

を正しく見せてくれないのだ.

　さらに厄介なことがある. 量子コンピュータのデータは, 見ると壊れるのだ. 例えば, 横向き矢印のデータを見ると, 上か下かになってしまって元々の状態には戻れなくなってしまうのだ. さきほど, データを 10 回見ると言ったのだが, 1 回見ると壊れてしまう. では, 10 回見るためにどうしたらよいかというと, 10 回計算をやり直す必要があるのだ. 計算を 1 回してデータを見て壊れて, また計算をしてデータを見て壊れて——という作業を 10 回する必要がある. これは大変な作業だ. しかも, 量子コンピュータの速さの意味がなくなってしまう可能性がある. というのも, 例えば, 量子コンピュータが今のコンピュータより 10 倍速く計算ができたとしても 10 回計算しないと答えがわからないのであれば, 速さは同じだ. これでは意味がない.

　しかし, 救いがある. それは上向き矢印のデータを見たときには, 100 ％上向きが出てくる. 同じように, 下向き矢印も 100 ％下向きとして見ることができるのだ. そう, この二つだけは「確実に」答えがわかる. これが「トリック」のポイントになる. 量子コンピュータがその性能を発揮するために必要な量子アルゴリズムには, 最後に答えが上向きか下向きで出てくるようなトリックが仕掛けられている. 量子コンピュータは矢印をぐるぐると回して計算をしていくわけだが, 最後に上向きか下向きに落ち着く——量子干渉で中途半端な矢印が消えていく——という仕掛けが量子アルゴリズムには施されている. こんな仕掛けを人間が考えていて, それを利用してはじめて量子コンピュータは威力が発揮できるのだ.

2.5 量子ってなあに

　ここまでずっと，量子コンピュータの話をしてきた．それなのに，量子コンピュータの「量子」の意味を説明してこなかった．ここまでみなさんに話を聞いてもらったところで，いよいよ量子コンピュータはなぜ「量子」コンピュータと呼ばれるのかをお話ししていきたい．

　この「量子」の正体とは，量子コンピュータのデータなのだ．矢印で，あっちこっちを向き，半分半分の状態になったりして，見ると上向きか下向きになってしまう面倒くさいヤツ．これが「量子」だ．専門的に正確に言うと，計算にも「量子」という言葉を使う特徴が含まれているのだが，量子コンピュータのデータが「量子」だと簡単に考えてもらって差し支えない．量子という単語自体は，物理の言葉だ．物理の世界では，「子」という言葉は小さいものを表現する言葉として使われている．みなさんに一番お馴染みなのは，この本でも登場した「原子」という言葉だと思う．「分子」もその一種だし，理科が好きな方は「電子」とか「素粒子」という言葉を知っているだろう．量子もそのような小さいものの一つだ．

　量子にはいろいろなものがある．量子というものがあるわけではなく，「ある特徴」をもつものすべてが量子と呼ばれている．一番大きな特徴は，量子コンピュータのデータを見たときのように，上向き50 ％，下向き50 ％ というように確率で状態が決まるというところだ．これは上向きと下向きが重ね合わさっていると考えるのだが，この「重ね合わせ」も量子の大きな特徴の一つだ．ほかにも量子の特徴はいろいろとある．そのような特徴をもつ「量子」をデータとして使っているコンピュータなので，量子コンピュータという名前なのだ．

　そして，その特徴をまとめたルールブックとでも呼ぶべきものが，

量子力学と呼ばれる物理学だ．さきほど，量子の特徴はいろいろあ
ると言ったのだが，それはすべてここにまとめられている．量子力
学というルールブックに従うもの，それが量子だ．どのようなもの
があるかというと，まずは電気を運んでいる電子がそうだ．みなさ
んも普通に使っている電気，この正体は電子なのだが，これは量子
の一種だ．それから，光も量子だ．このように言われると，意外と
身近にあるものだと思ってもらえるのではないだろうか．そう，私
たちの身の回りには量子があふれている．でも，それが量子である
ことを普段意識することはないのだ．そして，実は量子力学は様々
な分野で重要な学問で，今のコンピュータをつくっていくうえでも
大切なものとなっている．「量子」は今のコンピュータをつくるうえ
でも重要なのだが，「データ」には「量子」を使っていない．「データ」
に「量子」を使ったコンピュータ，それが量子コンピュータだ．

　量子力学は大学で習うものだとはいっても，理系大学生が全員習
うというものでもない．物理系の学生は当然習うのだが，化学系で
も重要だ．半導体のようなエレクトロニクスに関係する電子工学科
や材料工学科でも重要なので学ぶことになる．ちなみに私は工学部
の応用物理学科という，物理学をベースにしたものづくりについて
考えるための学科で勉強をしたのだが，1年半もの間の週1回の座学
講義に加えて，1年間の週1回の練習問題演習の講義もあった．その
ような長い時間をかけて学ぶものなのだ．量子力学についての本も
世の中にはたくさんあるので，興味のある方はぜひ挑戦してみても
らいたい．高校生の皆さんであれば，ぜひ理系の大学を目指して，
量子力学を勉強してみるのもよいと思う．私は，大学で量子力学を
学んだわけだが，高校で習った物理とはとても違っていて，講義が
とても楽しい時間だったことを覚えている．

2.6 量子コンピュータの演算

(i) 量子コンピュータの演算の種類

それでは最後に，今のコンピュータのときと同じように，量子コンピュータが行う演算について話をしておきたい．この章はちょっと難しいかもしれない．難しいとか面倒だとか思えば，読み飛ばして3編へ進んでも大丈夫だ．ここまで読んでくれた皆さんは，もう充分に量子コンピュータの仕組みを知っている．

さて，今のコンピュータは論理演算と呼ばれるもので計算をしていて，それは1であれば0と反対を答えるNOTとか，両方1ですか？という質問に答えるANDといった演算だった．NOTは1ビット――一つのデータ――に対する演算なので1ビット演算と呼ばれ，ANDは2ビットに対する演算なので2ビット演算と呼ばれるものだった．量子コンピュータの演算もこれと同じようになっていて，1ビット量子演算と2ビット量子演算がある．今のコンピュータと違うところは，その種類が多いことだ．今のコンピュータの場合，1ビット演算はNOTだけ，1種類だけだ．2ビット演算は5種類ある．つまり，あまり多くない．しかし，量子コンピュータの場合はそうではない．1ビット量子演算はたくさんあり，2ビット量子演算もたくさんある．いろいろとあるのだが，量子コンピュータをつくるためには1ビット量子演算が3種類と，2ビット量子演算が1種類使われている．これは実際に量子コンピュータをつくるとなると話が複雑になってくるのだが，まずは4種類あれば量子コンピュータに必要な計算の種類だと思っても大丈夫だ．

(ii) 1ビット量子演算

では，いくつかの演算を実際に見てみよう．まずは1ビット量子

演算だ．量子コンピュータの演算は矢印を回すのだった．だから，
1ビット量子演算は一つの矢印を回す演算だ．回し方にはいろいろと
ある．数学のように，矢印をxyz座標で考えてみよう．x座標を中心
に矢印を180度回すのが，Xゲートだ．「ゲート」は演算のことだと
思ってほしい．ちょっとかっこよく，専門用語で言ってみた．これ
を今のコンピュータのときのように論理記号で描くと図2・11(a)の
ようになる．どうだろうか．今のコンピュータの論理記号は，NOT
にはNOTのマーク，ANDにはANDのマークがあった．それに比
べて，量子コンピュータの論理記号はずいぶんと簡単だ．四角にX
と書いてあるだけだ．これとはほかに，Yゲート，Zゲートもある．
さらに，斜めの軸から矢印を回すことだってできる．さらに，回し
方にも90度回すとか，30度回すとか，いろいろなパターンがある．
だから量子コンピュータの1ビット演算は，とても多くの種類があ
るのだ．

　斜めの軸から矢印を回すゲートの中で，よく使うのがアダマール
ゲートだ．これはHゲートと書く．アダマールというのは人の名前
で，Hadamardというスペルだ．最初のHは読まないのだが，1文
字でゲートを表す場合はHと書く．このHゲート，論理記号で描く
と図2・11(b)のようになる．またもやシンプルだ．四角に「H」と書
いただけだ．

　ここで，Hゲートの演算を表にまとめてみよう．今のコンピュー

(a) Xゲート　　　　　　　　(b) アダマールゲート

図2・11　1ビット量子演算の記号

タの演算でも表にまとめたのだった。これを真理値表と呼んだわけ
だが，量子コンピュータの論理演算についても同じようなことがで
きる。ただし，ちょっとややこしい。量子コンピュータのデータは
矢印だ。上を向いていれば$|0\rangle$，下を向いていれば$|1\rangle$という約束だっ
た。まずは入力が$|0\rangle$のときを考えてみる。Hゲートは斜めの軸から
矢印を180度回す。図にしてみると，図2・12(a)のような感じだ。さ
て，矢印はどこへいっただろうか？ そう，横向きだ。横向きとい
うのは$|0\rangle$と$|1\rangle$が半分半分という状態だった。さあ，これをどうやっ
て表にしようか？

　今のコンピュータのNOTのときは，0が1，1が0になるので，表
は簡単だった。横向きをどうやって数字で書こうか迷ってしまうの
だが，矢印で描くのでは数字の表にならない。そこで，これは
$|0\rangle+|1\rangle$と書くことになっている。思い出してもらいたい。半分半
分という状態は，$|0\rangle$と$|1\rangle$が重ね合わさっているというものだった。
重なっているというのは足し算されているというような感覚なので，
$|0\rangle+|1\rangle$と書くのだ。

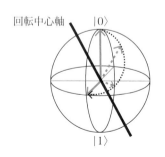

(a) $|0\rangle$を回転させる

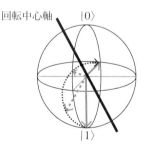

(b) $|1\rangle$を回転させる

図2・12　アダマールゲートで矢印を回す

　さて，次は下向き矢印の $|1\rangle$ について H ゲートをしてみよう．斜めの軸からぐるっと回してみるわけだ．これもまた図にしてみると，図 2·12(b) のようになる．矢印はどこを向いただろうか？　そう，横向きだ．またしても横向きだ．でもこれ，上向き矢印の $|0\rangle$ を回したときとは向きが違う．同じ横向きでも，反対向きだ．これまた，どのように書けばよいのか迷ってしまうのだが，これは $|0\rangle - |1\rangle$ と書く．今度は引き算だ．逆を向いていることを，引き算で表している．不思議で仕方がないかもしれないのだが，これをきちんと説明すると大学レベルの数学の話になってしまう．このことはコラムにも少し書いておくので，正しく知りたい方はそれを読んでさらに勉強してもらいたい．ひとまずここでは，こういうものだ，と思ってもらいたい．

　これで，$|0\rangle$ と $|1\rangle$ の両方の入力について演算の結果がわかった．

表2·5　アダマールゲートの真理値表

入力	出力
$|0\rangle$	$|0\rangle + |1\rangle$
$|1\rangle$	$|0\rangle - |1\rangle$

コラム　**矢印の向きを ＋－ で表すのはなぜか**

　これを理解するためには，ブロッホ球の矢印を数式で表す方法を理解しなければいけない．まず，ブロッホ球は 3 次元の球体なので，座標として xyz の 3 軸をとる．このとき，適当な矢印を考えると，この位置を決めるためには二つの角度が必要となる．1 番目は z 軸からの角度で，これを θ としよう．もう一つは，矢印を xy 平面に射影（真下に下ろす）したときの x 軸からの角度で，これを φ としよう．このように矢印の角度

を定義すると，矢印の位置を θ と φ を使った極座標系を利用して，数式で定義できるようになる．2次元平面の極座標系は高校2年生ぐらいで習うと思うが，これは3次元の極座標表示なので，大学レベルの数学だ．とはいえ，高校数学の表記法で記載してみると，次のような数式になる．

$$\cos\frac{\theta}{2}|0\rangle + (\cos\varphi + i\sin\varphi)\sin\frac{\theta}{2}|1\rangle$$

図2・12(a)の手前向きの「半分半分」の矢印は，θ が90度，φ が0度になるので，これを代入すると $(|0\rangle + |1\rangle)/\sqrt{2}$ となる．本文では，$\sqrt{2}$ を省略して記載していた．次に，図2・12(b)の向こう向きの「半分半分」の矢印は，θ が90度，φ が180度になるので，これを代入すると $(|0\rangle - |1\rangle)/\sqrt{2}$ となる．このように，数式で矢印の向きを表すと，矢印の向きが＋－で表されることになる．

　もう少し正確に言うと，矢印の向きは φ の複素数で表される．この複素数が「たまたま」+1とか-1になったわけだ．この φ の複素数は，「位相」と呼ばれる．高校物理を習った方は，波の話で位相という言葉が出てくることを理解できるかと思う．量子ビットの話で位相という波の用語が出てくるのは，量子ビットが波の性質をもっているためだ．ここに，量子ビットの根本にある，量子ビットが「量子」であるということが姿を現しているのだ．

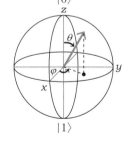

図2・13　矢印と数式で表す極座標表示

(iii) 2ビット量子演算

次に，2ビット量子演算を考えていこう．1ビット量子演算にたくさんの種類があったように，2ビット量子演算にもたくさんの種類がある．今のコンピュータに比べて，量子コンピュータはとにかく演算の種類が多い．2ビット量子演算の中で一番有名なのは，CNOTゲートだ．これは「コントロールNOT」と読む．コントロールの「C」がNOTに付いているものだ．これはどのようなものかというと，2ビットゲートなので二つの入力があるわけだが，1番目の量子ビットの状態を見て，2番目の量子ビットの状態をNOTするかどうか決めるというものだ．1番目の量子ビットが，2番目の量子ビットをコントロールしているので，コントロールという言葉が付いている．これも論理記号で描いてみると，図2・14のようになる．次は黒丸と白丸と棒だ．ずいぶんとシンプルだ．ここで一つ気が付いてほしいことがある．今のコンピュータの2ビット演算は，入力二つに対して出力が一つだった．量子コンピュータの場合は違っていて，入力が二つなのは同じなのだが，出力が二つになる．これは量子コンピュータの2ビットゲートの特徴だ．

次に，毎度のことながら，CNOTゲートの演算を表にまとめてみよう．もうお馴染みの真理値表だ．CNOTの真理値表は難しくない．CNOTは，1番目の入力を見ながら，2番目をNOTするかどうか決めるのだった．これを1番目が$|1\rangle$であれば，2番目をNOTす

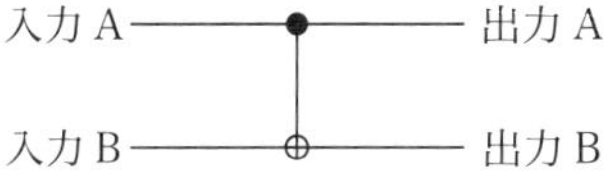

図2・14　2ビット量子演算の一つ，CNOTゲート

る．1番目が$|0\rangle$であれば，2番目はそのままと決めることにする．逆でも良いのだが，量子コンピュータの世界では，このように決まっている．1番目の量子ビットは，演算が終わった後もそのままだ．ではこれを表にしてみよう．NOTは0を1，1を0にするだけだ．みなさんも自分で考えてみることができるのではないかと思う．答えの真理値表は，表2・6のようになる．CNOTの真理値表はいたってシンプルだ．ここで，この表をよく見てもらいたい．2番目の量子ビットの演算結果だけ見ると，XORと同じだ．CNOTは，今のコンピュータのXORに似ているゲートなのだ．

これでCNOTの説明は終わりだが，ちょっと量子コンピュータっぽくない．そう，「半分半分」が出てこなかったのだ．そこで最後に，CNOTと「半分半分」の世界を見てみよう．これで量子コンピュータの演算の話はおしまいだ．

表2・6 CNOTの真理値表

入力A	入力B	出力A	出力B
$|0\rangle$	$|0\rangle$	$|0\rangle$	$|0\rangle$
$|1\rangle$	$|0\rangle$	$|1\rangle$	$|1\rangle$
$|0\rangle$	$|1\rangle$	$|0\rangle$	$|1\rangle$
$|1\rangle$	$|1\rangle$	$|1\rangle$	$|0\rangle$

コラム　ユニバーサルゲートセット

ここで紹介したように，量子コンピュータをつくるためには1ビット量子演算が3種類と，2ビット量子演算が1種類必要となる．このような量子ゲートのセットを，ユニバーサルゲートセットと呼ぶ．今のコンピュータはNANDゲート一つがユニバーサルゲートだったのだが，量子コンピュータでは四つが「セット」で必要になる．

このセットの決め方は，1通りではない．例えば一つだけ必要な2ビット量子演算については，本文ではCNOTを紹介した．しかしほかにもCZ（コントロール・ゼット）ゲートやSWAP（スワップ）ゲートなど，いろいろな2ビット量子演算は存在する．こういったものを使っても，ユニバーサルゲートセットをつくることができる．

このことは，量子コンピュータのややこしさが増す原因の一つになっている．3編で少しお話をするが，量子コンピュータの機種ごとにユニバーサルゲートセットが異なっているという状況だ．量子コンピュータと一口に言っても，機種によって実行している演算の内容が違っているのだ．これは，今のコンピュータにはあり得ない状況だ．

(iv)　半分半分のCNOT !?

何度も言ってしつこいが，CNOTは1番目の量子ビットを見て，2番目の量子ビットをNOTするかどうかを決める．ここで考えてみるのは，1番目の量子ビットが「半分半分」，つまり横向き，$|0\rangle + |1\rangle$であったときだ．2番目の量子ビットは$|0\rangle$のままにしておこう．この量子演算について，論理記号を使って描いてみると，図2・15のようになる．このとき，2番目の量子ビットはどのような演算結果になるだろうか？

図2・15　半分半分にCNOTすると？

　まず，2番目の量子ビットのデータは$|0\rangle$だ．これを1番目の量子ビットを見て，$|0\rangle$のままにしておくか，NOTをして$|1\rangle$にするかを決めなければいけない．でも，1番目の量子ビットは「半分半分」，$|0\rangle+|1\rangle$だ．$|0\rangle$かもしれないし，$|1\rangle$かもしれない．これではちょっと厄介なので，それぞれ別々に考えてみよう．まず，もし1番目が$|0\rangle$であれば，2番目の量子ビットはそのままなので，$|0\rangle$のままだ．同じように考えて，もし1番目が$|1\rangle$であれば，2番目の量子ビットは反対にひっくり返るので，$|1\rangle$になる．そうなると，2番目の演算結果はやはり「半分半分」になるように思える．確かにそうなのだが，これは1番目の量子ビット次第だ．つまり，どのようなことかというと，2番目の演算結果は「半分半分」だが，普通の「半分半分」ではなく，1番目の量子ビット次第で変わってしまう「半分半分」なのだ．1番目の量子ビットの状態に左右されてしまう．ちょっと普通ではない「半分半分」になってしまったのだ．逆に考えることもできて，2番目の量子ビットの演算結果がもしわかれば，1番目の量子ビットの状態がわかることになる．つまり，逆もまた真なりというもので，1番目の量子ビットも，2番目の量子ビット次第ということになってしまっているのだ．ここで話がさらに複雑になるのは，前にもお話ししたように，量子ビットなので状態を見ることはできない，状態はわからないというのが量子ビットの特徴だということだ．つまり，1番目の量子ビットも2番目の量子ビットも，それぞれの状

態は相手次第なのだが，その状態はわからないという，とても混乱した，「ぐちゃぐちゃ」な状況になってしまっているということなのだ．言葉を変えると，2個の量子ビットが，まるで糸がこんがらがるように，もつれあってしまったのだ．

　さあ，困った．1番目の量子ビットも2番目も，もうわけがわからない状態だ．みなさんも混乱しているのではないかと思う．でも，それでいいのだ．驚くことに，量子コンピュータの世界では，このぐちゃぐちゃな状況を受け入れる．「もうさ，ぐちゃぐちゃだけどそれでいいよね！　わかんないけどさ！」と受け入れるのだ．「それでいいの!?」と思われるかもしれない．でも，それでいいのだ．これが量子コンピュータなのでどうしようもない．このように，二つの量子ビットがお互いに影響され合っていてこんがらがってしまった状態，これには専門用語がきちんとあり，量子もつれ状態と呼ばれる．英語にすると量子エンタングルメントだ．この量子もつれ状態，これもまた量子コンピュータの重要な特徴の一つとなるデータの状態だ．量子コンピュータが計算している途中では，多くの量子ビットでデータが量子もつれ状態になってしまう．もう，なにがなんだかわからない状態で計算が進んでいくということになる．これもまた，量子コンピュータの摩訶不思議な計算の特徴の一つだ．

コラム　**量子エンタングルメント**

　本文ではあっさりと書いたが，量子エンタングルメントは量子コンピュータの根幹中の根幹となる重要なものだ．しかし，これはとても難しい．量子コンピュータに関わる研究者でも，きちんと理解できていない人もいる．きちんと理解するためには，大学レベルの数学を理解しなければいけない．数学的にいうと，量子エンタングルメントは非積状態と呼ばれる．「状態」というのはデータの状態だと思ってもらえばよい．量子コンピュータでは0/1ではなく矢印のデータなので，矢印の状態のことをいっている．物理的にはもうちょっと意味があるのだが，簡単にはこう考えてもらって差し支えない．二つのビットの状態を区別できる場合は，積状態と呼ぶ．なぜ「積」か，という話は気にしないでおいてもらいたい．これが「積」である理由を説明しだすと，これは大学レベルの数学の泥沼にはまっていってしまう．この積状態，これは今のコンピュータでもつくり出すことのできる状態だ．量子コンピュータの演算上の最大の特徴は，今のコンピュータではつくり出すことのできない非積状態を利用できるということにある．このことは量子コンピュータの高い演算性能を実現する一つの重要な要素になっている．

③ 量子コンピュータの応用

　ここまで読んでもらったみなさんは，もう量子コンピュータがどういうものかがわかってもらえたのではないかと思う．最後の編では，量子コンピュータの「実物」についてお話ししていきたい．

3.1　量子コンピュータの実物

(i)　量子コンピュータってもうあるんだよね？

　そう，量子コンピュータはもうあるのだ．実物があって，実際に計算することができる．でも，1編でお話ししたように，まだ性能は不十分だ．役に立つ計算ができるようになるためには，もっともっと性能の高い量子コンピュータをつくらなければいけない．でも，量子コンピュータはこの世界には存在している．

　まずは，量子コンピュータの実物を見てみよう．みなさん，お手元のスマホやパソコンで，「量子コンピュータ」と入力して画像を検索してもらいたい．どんな画像が出てきただろうか？　カラーの画像が載せられないのが残念なのだが，図3・1にあるような形の金ピカのシャンデリアみたいな写真がたくさん出てきたのではないだろうか？　もしくは，図3・2のような天井からぶら下がっているような土管筒の写真が出てきたのではないか．そして，そのようなシャンデリアや土管筒の前で，おじさんがにっこり微笑む写真もちらほらあるだろう．ちなみにこの土管筒，シャンデリアのカバーなので，中身は金ピカシャンデリアだ．みなさん，こう思いませんか？　「こ

(写真提供：オックスフォード・インストゥルメンツ)
図3・1　金ピカのシャンデリア？

れが量子コンピュータなの!?」と…. 実はこれ, 私もなんとも答え
にくい. まだ, この編も始まったばかりなので, ここでは誤解を恐
れず, ひとまずこのように答えておこう. 「はい, これが量子コン
ピュータです」と.

　みなさん, 不思議に思われているのではないだろうか. それとも,
素直に「あぁ, こんなへんなものが量子コンピュータなんだ」と思っ
てもらえているだろうか. これ, コンピュータにはちょっと見えな
い. 画面もないし, キーボードやマウスは一体どこにあるのだと.

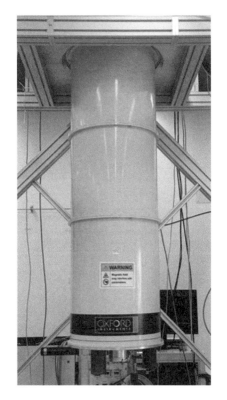

図3・2　天井から吊り下がる土管筒？

スマホやパソコンを考えてみても，コンピュータというものは，普通は四角い箱の形をしている．そういう意味でも，「これは丸いぞ」と．普通の人が思うコンピュータというものの姿形とは，まるで違っているものだ．

3 量子コンピュータの応用

さて，これは一体何なのだろうか．実は，これは冷凍機なのだ．
このシャンデリアの先端部分に，量子コンピュータの心臓部である
量子チップが付いているのだ．量子コンピュータの本体はこのチッ
プの方であり，写真には映っていないのだ．また後ほど詳しくお話
しするが，量子コンピュータはほとんどが冷やして使う必要があり，
それもとんでもなく低い温度まで冷やす必要がある――と言われて
も，ここでみなさん，おそらくまたわけがわからないでしょう．「こ
れが冷凍機！？　うちの冷蔵庫・冷凍庫はこんなのじゃないよ！」
と言いたくなってしまうのではないかと思う．

　これ，とても特殊な冷凍機で，希釈冷凍機という名前が付いて
いる．ちょっとすごい冷凍機で，家庭用の冷凍庫とはまったく違う
ものなのだ．私たちが普段の生活に使っている冷凍庫は，マイナス
18度ぐらいの温度になっている．これで食品を凍らせておくこと
ができるわけだ．業務用の冷凍庫になるともっと冷やすことができ
る．マイナス30度とか，すごいものになるとマイナス80度という，
ちょっと信じられないぐらいに低い温度で冷凍できるものもある．
ではこの希釈冷凍機はどれくらいの温度まで冷やせるのかというと，
なんとマイナス273.14度まで冷やすことができるのだ！　みなさん
は「絶対零度」という言葉を聞いたことはあるだろうか？　絶対零
度というのはこれ以上低くすることができない，低い温度の限界点
だ．絶対零度はマイナス273.15度だ．なんと，希釈冷凍機は絶対零
度とわずか0.01度しか差がないという，とても低い温度にすること
ができる．そのようなとんでもなく低い温度に冷やされ，量子コン
ピュータは動いている．

絶対温度の単位

　私たちは，日常の生活ではセルシウス温度という温度を使っている．単位は，セルシウスのCを使って「℃」と書くわけだ．これは摂氏温度とも呼ばれる．この単位は，生活の中ではとても便利だ．なぜなら，水の凝固点 (氷になる温度) が0℃で，沸点 (沸騰する温度) が100℃だからだ．とても切りが良い．

　しかし，量子コンピュータで登場するようなとても低い温度，極低温の世界ではちょっと使いにくい．絶対零度をいちいち−273.15℃と書かないといけないからだ．そこで，絶対温度というものが使われている．単位は「K (ケルビン)」だ．0Kが−273.15℃ということになる．極低温の世界の話をするときは，こちらの単位の方が便利だ．希釈冷凍機の温度は，0.01K，つまり10mK (ミリケルビン) ということになる．

(ⅲ) これだけが量子コンピュータではない

　ここで注意をしてもらいたいのは，この金ピカのシャンデリアのような冷凍機を使い冷やして動く量子コンピュータ，これがすべての量子コンピュータではないということだ．ちょっと量子コンピュータを知っている人にとっては意外かもしれない．この金ピカの冷凍機の実物や写真を見せて，「これが量子コンピュータです！」と説明している人が多いからだ．でも，実は量子コンピュータにはたくさんの種類がある．そのことは次の章で詳しく話したいと思うが，このよく見る金ピカシャンデリア型量子コンピュータ，これは専門的には超伝導量子コンピュータと呼ばれる種類のものだ．「超伝導」という言葉については後で説明する．ここでは，「そういうタイプの量子コンピュータがあるんだ」とまずは思っておいてほしい．

3 量子コンピュータの応用

前にも少しお話をしたのだが，量子コンピュータはすでに実物があって動いているコンピュータだ．しかし，その性能はまだ足りていない．本当に人間の役に立つコンピュータになるためには，まだまだ性能が足りていないのだ．性能をもっともっと上げていくために，多くの研究者・技術者が日夜努力している．そして，量子コンピュータにはいくつかの種類があり，どの種類の量子コンピュータも性能アップさせようとしている．ちょっと不思議に思わないだろうか？「なんでそんなに種類があって，どれもこれも性能アップさせようとしているの？　一つでいいんじゃないの？」と思うのが普通だ．でも，これには理由がある．実は，どの種類の量子コンピュータが高い性能を発揮するようになるのかは，今の段階ではまだわかっていないのだ．それでも現在で多くの人が高い性能を発揮できるようになると考えているのが，この超伝導量子コンピュータなのだ．現段階での本命というわけだ．だから，検索すれば本命である超伝導量子コンピュータの写真がたくさん出てくる．いろいろな雑誌やネットでもこの写真が紹介されるということになっている．また，ややこしいことに，全種類の量子コンピュータが，金ピカシャンデリアのような見た目をしているわけではないのだ．

さあ，話がややこしくなってきた．これをスッキリ！がってん！とわかるように，次の節では量子コンピュータの実物がどのようにできているのか，どのように動いているのかを簡単にみていこう．

⒤　量子コンピュータをつくる三つのもの

量子コンピュータは，大まかにいうと三つのものでできている．まず1番目は最も重要なものである，量子ビットだ．2編では量子コンピュータの計算の仕組みをお話ししたが，そこで出てきた量子コンピュータのデータを入れておくもの，それが量子ビットだったこ

とを思い出してもらいたい．量子コンピュータでは，量子ビットに入っているデータである矢印をぐるぐると回して計算するものだった．データが入っている量子ビット，これが量子コンピュータの心臓部だ．そして，量子ビットは数が多ければ多いほど複雑で高度な計算ができる．たくさんの量子ビットを使いたいのだが，その数はまだまだ十分ではない．量子コンピュータが人間の役に立てるようになるためには，量子ビットの数をもっと増やしていかなければいけないのだが，これがなかなか簡単ではない．もちろん，量子ビットそのものの性能も良くないといけないし，数も多くないといけない．量子コンピュータをつくっている人たちを悩ませているのがここなのだ．そんな量子ビットが，量子コンピュータの心臓部であり，最も重要なものだ．

　2番目は，量子ビットのデータを操作するための制御機構だ．ちょっと固い言葉になっているが，量子ビットのデータである矢印をぐるぐると回すための装置だと思ってもらいたい．何を制御するかというと，量子ビットを制御する．量子コンピュータでは，データである矢印をぐるぐる回すことが計算を行うことになるのだった．制御機構は，量子コンピュータで計算を行うために量子ビットのデータを制御するために使うものなのだ．もう少し具体的に話をすると，制御機構は量子ビットに信号を送る．量子ビットに信号を送って，矢印を回転させるのだ．逆に，量子ビットから信号を受け取ることもある．計算の結果を量子ビットから読み出すために，量子ビットが出す信号を受け取るわけだ．そのように量子ビットに計算するための命令を送ったり，結果を受け取ったりしている装置，それが制御機構だ．ちょっと余談だが，この制御機構，専門家の世界でもまだはっきりとした名前がついていない．いろいろな

呼び方をする人がいて，ちょっとややこしい．ひとまずここでは，この本の作者である私の研究グループでの呼び名である，量子古典インターフェースという名前を紹介しておこう．今のコンピュータを古典コンピュータと呼ぶ場合があるのだが——古い感じがしてあまり良い呼び名ではない気もするのだが——，それと量子ビットの世界とのつなぎ役という意味でインターフェースという言葉を使っている．専門家の世界でも定まっていない言葉があるのが，量子コンピュータの発展途上ぶりを感じてもらえるところかとも思う．

　さて，3番目は制御機構に指示を出す普通のコンピュータだ．「えぇ!?」と思う方も多いだろう．そう，量子コンピュータには，今の普通のコンピュータも必要なのだ．とはいえ，これはそれほど性能が高い必要はない．制御機構に指示を出すだけの役目で，複雑な計算をするわけではないからだ．ここでもまた，2編で紹介した量子演算の話を少し思い出してもらいたい．量子コンピュータでは，量子アルゴリズムと呼ばれる計算を実行する．これを実行するためには，量子回路と呼ばれる計算の手順書が必要だというお話をした．どういうことか，もう少しかみ砕いてと言うと，「第4量子ビットの矢印を180度回転させよ！」とか，「第12量子ビットの矢印を90度回転させよ！」といったような感じで，たくさんある量子ビットのどれをどのように操作するのかという命令信号を次々に出していくということだ．その信号を送り出すのが制御機構なのだが，どの量子ビットにどういう信号を出すのか，という指示を制御機構に出さなければいけない．これをしているのが，指示出し役の普通のコンピュータだ．この指示出し役の普通のコンピュータに名前をつけたいのだが，これもまたはっきりとした名前がまだ決まっていない．さらに，今は普通のコンピュータを使っているのだが，将来的には

指示出し専用のコンピュータが登場するかもしれないという事情も
ある. この状況もまた，量子コンピュータが発展途上であることが
理由だ.

　名前が決まっていないなどわかりにくいところもあるのだが，ひ
とまず量子コンピュータをつくる三つのものをおさらいしておこ
う. まず，量子コンピュータの心臓部である量子ビットだ. 次に，
量子ビットのデータを制御する制御機構，量子古典インターフェー
スだ. そして，量子古典インターフェースに指示を出す普通のコン
ピュータだ. ここまでわかったところで，量子コンピュータの種類
に話を戻そう. 量子コンピュータにいくつかの種類があるのは，量
子ビットに種類があるからなのだ. 量子古典インターフェースにも
ちょっとはバリエーションがあるのだが，量子コンピュータ全体を
左右するほどの機能的な大きな違いはない. 指示出し役の今のコン
ピュータにいたっては，種類もなにもあったものではない. 量子コ
ンピュータの種類は，量子ビットによって決まるのだ. そこで次の

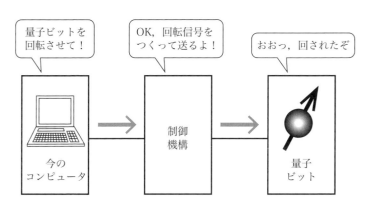

図3・3　量子コンピュータをつくる三つのもの

章では，量子ビットがなにでできていて，どういう種類のものがあるのかを見ていくことにしよう．

3.2 量子コンピュータはなにでできているのか？

（ⅰ）今のコンピュータはなにでできている？

　量子コンピュータの話に入る前に，今のコンピュータがなにでできているのかを見ておこう．これは知っている方も多いのではないかと思うが，今のコンピュータは半導体でできている．半導体にはいろいろな材料（原料）があるのだが，コンピュータに使われているのはシリコンというものだ．ほかの材料の名前をちょっと紹介しておくと，ゲルマニウムやガリウム砒素というものもある．最近では照明に使われているLED（発光ダイオード）も実は半導体で，窒化ガリウムという材料でできている．このように，半導体にはいろいろな材料があるのだが，コンピュータに使うのはシリコンというわけだ．最近はシリコン料理器具という柔らかい器具があるのだが，これは半導体のシリコンとは別物なので注意してもらいたい．半導体のシリコンは，石のように固いものだ．

　今のコンピュータは，シリコンを使ってつくったトランジスタやメモリと呼ばれる，半導体デバイスで動いている．トランジスタは演算を行うための半導体デバイスで，メモリはデータを格納しておくための半導体デバイスだ．これがコンピュータとなるために，スマホの場合はなんと10億個以上の半導体デバイスが使われている．こんな小さなスマホの中に10億個も入っているの！と驚かれるかもしれない．でももっと驚くことに，この10億個以上の半導体デバイスが入っているのは，わずかに2から3センチ角の半導体シリコンのチップの中だ．スマホの中で半導体デバイスの部分は，ごくごく

半導体の薄い板（ウエハ）の上にデバイスをつくる

切り出したチップには数億個のデバイスが詰め込まれている（集積）

パッケージングしてスマホなどに搭載される

直径 30 cm
（L サイズのピザくらい）

普通は大きくても
2 ～ 3 cm 角
（カメラ用はもっと大きい）

図3・4　今のコンピュータは半導体でできている

わずかなのだ．そんな小さなシリコンチップの中に，目では見えない，電子顕微鏡という特殊な顕微鏡を使わないと見えないような小さな半導体デバイスが詰まっている．このように，1個の小さいチップにたくさんの半導体デバイスを詰め込むことを，専門用語では集積と呼ぶ．今のコンピュータは，驚くほどの数の半導体デバイスを集積してつくられているのだ．

(ii)　量子ビットはなにでできている？　～その1～

　今のコンピュータと同じように，量子コンピュータにも小さなデバイスが1個のチップに集積されてできているものがある．量子コンピュータの場合は量子ビットデバイスをつくって集積することになる．このデバイスは，量子ビットとしてデータを格納できるデバイスだ．これにはもちろん，半導体でできているものがある．今のコンピュータと同じようにシリコンでつくった場合は，シリコン量子ビットデバイスと呼ばれる．そして，これが使ってつくる量子コンピュータは，シリコン量子コンピュータと呼ばれている．

　それとは別に，超伝導体と呼ばれる材料でできているものがある．超伝導体というのは金属で，代表格はアルミニウムだ．家庭でも普通に使っている，アルミホイルと同じ材料だ．まったく特別なことのない材料なのだが，これで小さなデバイスをつくると量子コンピュータをつくることができる．このようなデバイスは超伝導体量子ビットデバイスとか，「体」を省略して超伝導量子ビットデバイスと呼ばれる．これを使ってつくった量子コンピュータが，前に出てきた「超伝導量子コンピュータ」だ．これが，現在の段階では本命と考えられている量子コンピュータだ．

　さらにもう一つ紹介しよう．それは，ダイヤモンドだ．宝石なのだが，ダイヤモンドは実は半導体の一種だ．ダイヤモンドを使っても量子ビットデバイスをつくることができて，これを使った量子コンピュータはダイヤモンド量子コンピュータと呼ばれる．

　ここで紹介した三つの量子ビットデバイスは，固い材料でつくられているものだ．だから，固体デバイス型量子ビットと呼ばれている．使われる材料は，シリコン，超伝導体，ダイヤモンドの三つが代表的だ．この3種類は，今のコンピュータとつくり方が似ていて，1～3 cm角ぐらいのサイズのチップでできている．量子コンピュータの心臓部である量子ビットは，固体デバイス型の場合はさほど大きくないのだ．そして見た目は，今のコンピュータに使われる半導体チップとまるで同じだ．

　本命視されている超伝導量子ビットは，絶対零度に近い温度まで冷やさないと動かない．だから，希釈冷凍機——金ピカシャンデリア——のような特殊な冷凍機が必要で，その先端の一番冷える部分に超伝導量子ビットチップが搭載されている．そうなると，外から見るとチップが見えないので，希釈冷凍機の部分が目立って見えて

しまうのだ．これが，量子コンピュータの不思議な見た目の正体だ．
シリコン量子ビットも絶対零度近くまで冷やして動かすことが多い
ので，超伝導の場合と同じように金ピカの希釈冷凍機の写真で紹介
されることが多い．しかしシリコン量子ビットは，性能がちょっと
落ちてしまうのだが，もう少し高い温度——といってもわずかに
1度程度なのだが——で動かすこともできる．その場合は希釈冷凍
機とは違う，もう少し小型の冷凍機を使うことになる．この場合は，
ちょっと見た目が違ってくるのだ．

　ダイヤモンド量子ビットは，冷やさなくても動く．とても良いメ
リットなのだが，固くてつくるのが難しいのと，集積——たくさん
詰め込むこと——に難しさがある．そのため，どちらかというと超
伝導やシリコンが，固体デバイス型の中では有力だと考えられてい
るというのが現状だ．

(iii)　量子ビットはなにでできている？　〜その2〜

　次に，固体デバイス型量子ビットではない，ほかの種類の量子ビッ
トをまとめて紹介しよう．それは光型量子ビットと，原子・イオン
型量子ビットだ．

　それでは，光型量子ビットから話をしよう．光を使っても量子コン
ピュータをつくることができる．私たちは日ごろ光に囲まれて生
活している．あまりに身の回りにあるものなので，普段はまったく
意識することはないのだが，光というのは光子と呼ばれるものが集
まったものなのだ．身の回りにある光は，とてもたくさんの光子で
できている．ところが，これが光子1個になると，量子ビットにな
る．とてもとても弱い光だ．光子1個の光というのはつくり出すの
がとても難しく，単一光子発生器という特殊な装置を使う．1個の
光子が，一つの量子ビットになるのだ．これは光を使うものなので，

固体デバイス型の量子コンピュータとはまったく違う見た目になる.
光ファイバーを使っていて, 光通信用の装置を使うことも多いので,
見た目は光通信のシステムによく似ている.

　もう一つの原子・イオン型量子ビットは, 原子やイオン1個が
一つの量子ビットになる. イオンというのは原子の仲間で, 原子に
電子を付けたり, 原子から電子を取り外したりしてできあがるもの
だ. 真空容器の中に原子やイオンを浮かせて, しかも並べることで
量子コンピュータになる. 原子やイオンを浮かせて並べるのは真空
容器の中なので, 大型のステンレス容器のような見た目だ.

　ここで紹介した光型量子ビットと原子・イオン型量子ビットは, 固
体デバイス型のようなチップ型の見た目, つまりは今のコンピュー
タに使われる半導体チップのような見た目にはならない. そのため,
特に半導体のことをよく知っている人や, 今のコンピュータのこと
をよく知っている人からすると, ちょっと奇妙なコンピュータのよ
うに感じる. しかし, これらもまた量子コンピュータで, しかも固
体デバイス型量子コンピュータに負けず劣らず, もしくはそれ以上
の性能が出る可能性もある. このように, 今のコンピュータに似て
いるシリコンや超伝導といった固体デバイス型量子コンピュータに
加えて, 今のコンピュータにはまったく似ていない光型や原子・イ
オン型もあり, 量子コンピュータの候補はいろいろだ. 本命は超伝
導と考える人が多いのだが, ほかのライバルたちも強力だ. 現段階
ではどれが勝つかというのはまったくわからず, 技術的にも一長
一短あって, 専門家でも何とも言えないというのが現状だ. それで
も研究開発が進んでいくと, いずれは候補が絞られていき, おそら
く最後には1種類が残ることになるだろう.

3.3 どの量子コンピュータが残るのか？

⒤ 勝者の条件

　今の段階では，どの種類の量子コンピュータが最後に残るかはわからない．だが，勝者の条件はわかっている．それはとても単純で，最も高い性能を出せる量子コンピュータが最後に残るのだ．そりゃそうだろ！という単純な話なのだが，量子コンピュータにはちょっと難しい問題がある．「性能」というものをどう予想するのかが，難しいのだ．量子コンピュータの性能が決まる理由が多すぎて，そう簡単に考えることができないという事情がある．この種類の量子コンピュータは性能が出そうだという予想が簡単ではないのだ．今の段階では，実際に量子コンピュータをつくってみて試してみないと，性能がわからない．つくってみないとわからないのだ．

　今のコンピュータも性能が決まる理由が複雑になってきているのだが，大雑把には予想することができる．数字で簡単にわかるのだ．コンピュータに詳しい方，興味がある方はご存じだと思うが，クロック周波数とコア数という二つの数字を見れば，大体の性能は予想ができる．まずクロック周波数というのは，1秒間あたりに動作できる回数だ．回数が多いほど，1秒間にたくさんの計算ができる．つまり，性能が良いのだ．クロック周波数は，3.0 GHz（ギガヘルツ）とか，4.2 GHzといったように数字で表されている．3.0 GHzの場合，コンピュータは1秒間に30億回！も動いているという意味だ．もう一つのコア数というのは，コンピュータの中にある計算機の数だと思ってもらえばよい．多いほど，同時に計算できることが増えることになる．もう少し詳しく言うと，1編で出てきたCPUの数だと思ってもらって差し支えない．8コアとか，12コアという言い方

をする．8コアであれば，計算機であるCPUが8個あって，同時に八つの計算を行うことができる．もうおわかりだと思うが，コア数が多いほど性能がよくなる．こういった数字はコンピュータのスペックと呼ばれるが，このスペックを確認することで今のコンピュータの性能はある程度予想できる．

「それなら量子コンピュータでもスペックを見ればいいじゃないか」と言いたくなるのだが，そうはいかない．今のコンピュータで性能の予想ができるのには理由があり，どのコンピュータも同じようなつくりをしているからなのだ．同じようなつくりをしているから，あとはスペックだけを見ればよい．これは自動車を比べるときも同じだ．自動車は，排気量や燃費といったスペックを確認すれば性能を比べることができる．これも，自動車がどれも同じようなつくりをしているからなのだ．そう，性能をスペックで比較するためには，同じようなつくりをしていることが条件なのだ．これが，量子コンピュータには当てはまらない．

(ii) なぜつくりが違うのか？　〜その１〜

量子コンピュータの種類ごとにつくりが違う理由は，第一に量子コンピュータの演算方法にある．2.6章でお話をした量子コンピュータの演算について思い出してみよう．2.6章では，量子コンピュータが計算を行うためには，１ビット量子演算が3種類と，２ビット量子演算が1種類あればよいというお話をした．そして，量子コンピュータには１ビット量子演算の種類がたくさんあり，２ビット量子演算の種類もたくさんあるというお話をした．まずここに問題がある．どういうことかというと，量子コンピュータは4種類の量子演算でどのような計算でもできるのだが，その選び方がいろいろあるのだ．例えば，２ビット量子演算についてはCNOTゲートという演算を紹

介したが，これを使っている量子コンピュータもあるし，別のゲートを使っている量子コンピュータもある．ちょっと不思議に聞こえるかもしれないが，違うゲートを使っていても，同じ計算はできるのだ．

　これが，厄介な問題を引き起こす．今のコンピュータの場合にはクロック周波数というものがあり，これは1秒間あたりに動作できる回数だという話をした．同じようなスペックが量子コンピュータにもある．だから，それを見れば量子コンピュータの動作速度はわかる．でも，量子コンピュータが使っているゲートが違うと，同じ問題を解くのに必要な動作回数が違ってくる．そうすると，動作速度は速いのだが，問題を解くのに必要な動作回数が多い量子コンピュータというものが出てきてしまう．逆に，動作速度は遅いのだけれども，問題を解くのに必要な動作回数が少ないので，実はこちらの方が速く計算できるというような量子コンピュータも出てくる．このように，量子コンピュータの性能は，単純にスペックの数値だけでは簡単には予想できないのだ．

　これは，量子コンピュータの種類によって違うというだけではない．同じ種類の量子コンピュータでも，違う量子演算を使っている場合がある．例えば，現在ではいくつかの超伝導量子コンピュータができているのだが，これはつくっている会社ごとに異なる量子演算を使っている．同じ種類の量子コンピュータでも，違う量子演算を使って計算している場合があるのだ．これはもう，とてもややこしい状況だ．種類ごとに量子コンピュータを比べることもできない．同じ種類の量子コンピュータでも，1機種ごとに比べてみる必要がある．

3 量子コンピュータの応用

(iii) なぜつくりが違うのか？　〜その２〜

　前節の話で，動作回数というものが出てきた．問題を解くのに必要な動作回数は，量子コンピュータの性能を決める重要なポイントなのだが，これがまた性能の比較をややこしくする原因にもなっている．関係するのは，2ビット量子演算だ．あたりまえだが，2ビット量子演算は，2個の量子ビットを使って演算する．量子コンピュータの中には量子ビットがたくさん並んでいるわけだが，その中のどれか2個を使って演算するのだ．超伝導量子コンピュータやシリコン量子コンピュータにはここに制約があって，隣同士の量子ビットでしか2ビット量子演算ができないのだ．遠くにある2個で量子演算をしたい場合はどうするかというと，隣同士のデータを入れ替えながら，バケツリレーのように隣同士にデータをもってきて，そこで2ビット量子演算を行う．そして，もとに戻すのだ．これはとても時間がかかる．データをえっちらおっちら運ぶ動作が必要になるからだ．

　それに対し，遠くにある2個の量子ビットの間でも簡単に量子演算ができる量子コンピュータもある．原子・イオン型の量子コンピュータの一種である，イオントラップ量子コンピュータというものがあるのだが，これは遠くにある2個で量子演算することが得意だ．こういう量子コンピュータだと，データを運ぶ動作が必要ないので，動作回数が少なくてすむ．そうなると，少々動作速度が遅くても問題にない場合もある．

　この2ビット量子演算についての動作回数という問題は，量子コンピュータの種類によって違っている．このように，量子コンピュータの種類よって違っているつくりが，量子コンピュータの性能を予想することをさらに難しくしているのだ．

⒤　性能を決める「正確性」

　そしてもう一つ，量子コンピュータの性能を考えるために重要なことがある．それは，量子ビットの正確性だ．専門用語では忠実度と呼ばれる．量子コンピュータのデータは矢印で，それが量子ビットに格納されているという話はこれまで何度も出てきた．そして，演算のためには矢印を回すものだった．この矢印を回す演算，これがなかなか正確にできない．「え，それじゃ量子コンピュータは間違えるの!?」と言いたくなるでしょう．はい，その通りです．量子コンピュータは，放っておくと間違える．つまり正確性が低いのだ．

　もちろん対策は考えられている．その対策は，間違いを直すという意味で，エラー訂正と呼ばれる方法だ．量子コンピュータが間違えるのならば，それを直しながら計算すればよいという考え方だ．みなさんが大事な書類をもっていたとしよう．これがなくなってしまっては困るという書類だ．これがなくなってしまう可能性を減らすにはどうすればよいだろうか？　答えは簡単，コピーをとっておけばいい．2枚あれば，どちらかがなくなっても大丈夫だ．3枚あればもっと安全，10枚くらいあればとても安心だ．このように，数を増やして安全性を高めることを，専門的には冗長化と呼ぶ．量子コンピュータのエラー訂正も同じ考え方で，量子ビットをたくさん使うことで冗長化するのだ．つまり，一つのデータを格納するために，たくさんの量子ビットを使うようにする．3個でも，5個でも，15個でも，たくさん使う．このようにすることで，1個ぐらい間違いが起こっても大丈夫なようにするのだ．

　さて，ここで問題がある．世の中にあるすべてのものがそうだが，たくさんつくれば不良品が発生するのだ．量子コンピュータでいうと，しょっちゅう間違える量子ビットができてしまうということだ．

みなさん，不良品を買ってしまったら，どうするだろうか？ それは簡単，お店に交換してもらいに行くだけだ．そうすれば，簡単にきちんとしたものが手に入る．ところが，量子ビットではそうはいかない．例えば，ここに100万個の量子ビットが入っている量子コンピュータがあったとしよう．この中に1個，まったく正しく動作しない不良品の量子ビットがあれば，量子コンピュータは動かない．では量子ビットを交換すればよいかというと，そうはいかないのだ．量子ビットは，1ヶ所に100万個を詰め込んでいる．つまり，集積しているのだ．そうなると，交換がきかない．1個がダメであれば，詰め込んでいた100万個全部をつくり直さないといけない．たくさんの量子ビットが詰まってしまっているので，1個だけ取り出すなんてことはできないのだ．これは大変なことだ！ 量子ビットは，たくさんのものを確実に正しく動くようにつくらないといけない．

　みなさんも経験があるかもしれないが，一口に不良品といってもいろいろある．ちょっとおかしいものもあれば，全然使いものにならないものもある．ちょっとした不良であれば，お店に交換に行くのも面倒なので，そのまま使ってしまうこともあるだろう．同じように，量子ビットの不良にも程度がある．ちょっとエラーを出すだけの量子ビット，いつもエラーを出してしまうような完全に不良な量子ビットというように．だから，量子コンピュータにはエラーの基準がある．どのぐらいのエラーまで許せるかという基準だ．この基準は専門的には議論がたくさんあり，量子コンピュータのつくりによっても違ったりするのだが，ざっくり言ってしまうと1％のエラー発生率が基準となる．100回に1回のエラーだ．もちろん，エラー発生率は低ければ低いほどよい．エラー発生率が0.1％であれば，1 000回に1回のエラーなので，もっとよい．これはなかなか厳

しくて，1 ％より高いエラー発生率の量子ビットは一つとして許されないのだ．100万個の量子ビットを集積した量子コンピュータがあれば，100万個のうち一つでもエラー率が1 ％以上のものがあればダメなのだ．

　ここまで勝者の条件を書いてきた．いろいろな条件をお話ししてきたが，最後にお話ししたのは，正確性だ．この正確性の高い量子ビットを使っている量子コンピュータでなければ，最後まで残ることはできない．そして，それは1個ではダメだ．100万個ぐらい集積して1ヶ所につくれなければいけない．良い量子ビットをきちんとつくる，これができない量子コンピュータは勝者にはなれないのだ．

3.4　量子ビットをつくる

(i)　なぜ不良品が発生するのか

　それでは，なぜ量子ビットの不良品は発生してしまうのだろうか？

　これは，量子ビットの種類によっても違ってくる．そこで，ここでは固体デバイス型の量子ビット，超伝導体や半導体のシリコンを使った量子ビットを例にお話をしていこう．

　固体デバイス型量子ビットで不良品ができてしまう一番わかりやすい理由は，大きさのばらつきだ．実はこの大きさのばらつき，世の中にあるどのようなものでも，つくるときには必ず起きる．でも，大きいものをつくっているときにはあまり気にならない．例えば，鉛筆を考えてみよう．もしみなさんの手元に新品の鉛筆が1ダースあれば，試してみてもらいたい．全部鉛筆を並べて比べてみると，ほんのちょっとだけ，気にもならない程度だけれども，長さが違っているはずだ．1 mm ぐらい違うと簡単に気づけると思うが，ちょっとよく見てみないとわからないぐらいの違いだが，長さの違いがあ

るはずだ．このように，どのようなものにもわずかな大きさのばら
つきがある．でも，そもそもが大きいものなら気にならないのだ．

　ところが，量子ビットだとそうはいかない．量子ビットは小さい
からだ．どのぐらい小さいかというと，超伝導量子ビットの場合は
髪の毛の太さぐらいだ．半導体のシリコン量子ビットの場合はもっ
ともっと小さくて，なんと髪の毛の太さに1 000個は入ってしまう
ような小ささだ．髪の毛の太さは0.1ミリ，つまり100ミクロンだ．
シリコン量子ビットはここに1 000個は入ってしまうので，1個の大
きさは0.1ミクロン以下だ．こんなにも小さいものをつくろうとす
ると，簡単に大きさがばらついてしまう．

　大きさがばらつくと量子ビットの性能がばらつく，そして不良品
が発生してしまう，というのはちょっと理解しにくいかもしれない．
どうしてそのようなことが起こるかというと，設計した大きさからず
れてしまうからなのだ．ものをつくるときには，必ず設計が必要だ．
設計図がないのにものをつくるというのは不可能だ．だから，量子
ビットをつくるときにも，最初に正確に動くように設計をする．そ
の中で，寸法を決めていく．その通りに正しくつくれれば，性能が
出ることになる．でも，どこかの寸法がずれてしまうと，設計通り
に量子ビットができていないので，性能が出なくなってしまうのだ．

　大きさのばらつきのほかにも，設計通りにつくれない理由がある．
それは，「ずれ」だ．量子ビットのパーツは，一つではない．いくつ
ものパーツを重ねるようにつくっていく．そうすると，二つのパー
ツがずれることが起きる．二つのものを毎回同じように重ねるとい
うのは，これはとても難しい．みなさんも試してみてもらいたい．
2冊の本があれば，その2冊を片手で毎回同じように重ねることは
できますか？　毎回同じように簡単に重ねられた方，あなたはとて

も器用な人だ。多くの人は慎重に慎重を重ねて，ちょっとずれているけれども大体は同じかなという感じだと思う。ずれないように置くためには，かなり頑張って，工夫しないとできないのではないだろうか。少なくとも，片手では難しいはずだ。ずれないように二つのものを置く，これはとても難しいことなのだ。これが量子ビットのような小さいものになってしまうと，ただごとではない。「ずれ」は，言い方を変えると「位置のばらつき」だ。大きさと位置のばらつき，これが量子ビットで不良品が発生する原因の一つだ。できるだけ正確につくること，これが大切になってくる。

(ii) 量子ビットのつくり方

　超伝導や半導体といった固体デバイス型量子ビットのつくる手順を簡単に言ってしまうと，「貼る，塗る，描く，削る，洗う」だ。これを何度も繰り返す。「何を言ってるんだおまえは」と言われそうだが，本当にこうなのだ。ウエハと呼ばれる薄い板に，「貼る，塗る，

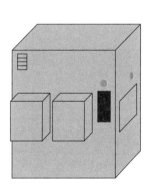

半導体ウエハを装置に入れて，「貼る，塗る，描く，削る，洗う」の工程を行う

それぞれの工程に専用の装置がある

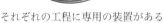

　1枚ずつ処理（枚葉処理）するものもあれば，複数枚をまとめて処理（バッチ処理）するものもある

図3・5　量子ビットのつくり方

描く，削る，洗う」を繰り返すのだ．

　まず，膜を貼る．これはとても薄い膜だ．専門用語では薄膜という．ずいぶんとそのままのネーミングだ．どれくらいの厚さかというと，厚めの場合で0.1〜1ミクロンぐらい，髪の毛の太さの100分の1以下だ．薄い場合だと0.001ミクロンぐらいのこともあって，これはさらに1 000分の1，髪の毛の100 000分の1という，とてつもなく薄い膜だ．この膜，1枚ですむとは限らない．何枚か重ねて貼るときもある．そのときは，何枚か重なるので，当然少し厚めにはなる．とはいえ，それでもとても薄い．まさに薄膜だ．

　薄膜は，種類もつくり方もいろいろだ．例えば，酸化膜というものがある．酸化した膜をつくるのだが，この場合はウエハを酸素の中で加熱するとつくることができる．これをするための装置がきちんとあり，酸化炉という．半導体のシリコンの膜を付けることもある．この場合は，シリコンの原料となるガスを流して，ウエハをその中で加熱する．そうすると，ガスが化学反応をして，表面に膜が付く．ほかにも方法はいろいろあるのだが何であれ，まずはこのように膜を貼る．

　次のステップは「塗る」だ．何を塗るかというと，感光剤を塗る．昔であれば，「あぁ，感光剤ね．写真のね」と言ってくれる人が多かったと思うのだが，今はデジカメの時代，感光剤というものがわからない方も多いと思う．まだデジカメになる前の時代，昔は写真をどのようにして撮っていたかというと，フイルムというものを使っていた．フイルムは，最初は光が当たらないようにしておく．カメラを使って写真を撮ると，フイルムに光が当たって，フイルムが化学変化を起こし，フイルムに画像が写って写真が撮れたのだ．このフイルムに使われていたのが，感光剤だ．光が当たると変化する薬品だ

と思ってもらえばよい. これを塗るのだ. 感光剤は, 専門用語では
レジストと呼ばれる. レジストを塗る方法はあまり多くはない. ウ
エハがぐるぐると回っているところに上から液を垂らしてコーティ
ングする方法が有名だ. 他にも, スプレーのように吹き付ける方法
もある.

　3番目のステップにいこう. 次は,「描く」だ. これは「塗る」の
話とセットになっている. フイルムで写真を撮るときと同じで, 光
を当てるのだ. そうすると, つくりたい形が描かれるのだ. このよ
うに光を当てる作業は, 専門用語では露光と呼ばれる. 光を当てた
後には現像という作業が必要になる. 実は, これもフイルムの写真
と同じ作業なのだ. フイルムの写真を撮ったときには, すぐには写
真にならなかった. フイルムを写真屋さんにもっていき, 現像とい
う作業をしてもらい, それでようやく写真になったのだ. 露光と現
像は, セットの作業だ. この二つを連続して行う. そうすると, さ
きほど塗ったレジスト——感光剤——の一部が溶ける. レジストが
残っているところと, 溶けてなくなってしまったところができあが
る. このようにして, 量子ビットのパーツの形を描いていく.

　4番目のステップは,「削る」だ. 何を削るかというと, 最初に貼っ
た膜を削る. このとき, レジストがなくなったところだけが削られ
る. この作業は, 専門用語ではエッチングと呼ぶ. レジストが付いて
いる部分は, レジストが守って削れない. そうすると, さきほど描
いた形の通りに, 膜を加工することができる. このようにして, 量
子ビットのパーツを, 好きな形につくることができるのだ. エッチ
ングの方法は, 昔は酸性やアルカリ性の液体につけて溶かして削っ
ていた. 今はそうではなくて, ガスを使ってエッチングをする. ガ
スをプラズマという特殊な状態にしてウエハに向かって吹き付ける

と，削ることができるのだ．せっかくなので専門用語を紹介してお
くと，この方法は反応性イオンエッチングと呼ばれる．このように

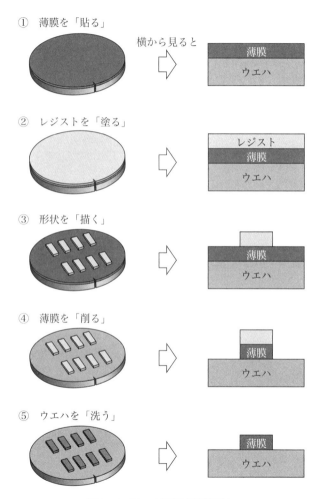

① 薄膜を「貼る」
横から見ると
薄膜
ウエハ

② レジストを「塗る」
レジスト
薄膜
ウエハ

③ 形状を「描く」
薄膜
ウエハ

④ 薄膜を「削る」
薄膜
ウエハ

⑤ ウエハを「洗う」
薄膜
ウエハ

図3・6　五つの工程を繰り返す

して，膜を加工して量子ビットのパーツを形作っていくのだ．

　さあ，最後の工程だ．最後は「洗う」．まず，もう役目を終えたレジストをとってしまいたい．さらに，加工などしたので，余計な汚れが付いているかもしれない．だから洗うのだ．これも専門用語があり——と言いたいところなのだが，この工程は専門用語でもそのままで，「洗浄」だ．いろいろな薬液で洗浄し，きれいにする．最後は水で薬液を洗い流すのだが，これがなかなか難しい．パーツが細かいので，乾燥のときに壊れてしまうことがある．乾燥にも工夫がいるのだ．また，この洗浄工程のためには，きちんときれいになったかどうかを確認するために，汚れを検査する装置もある．それは，ウエハの表面にどの程度の汚れが付いているのか，原子の数で数えることができる特殊なものだ．レントゲンにも使っている，エックス線という特殊な光を使って汚れを検査する．このような洗浄工程が終わると，一つのパーツのでき上がりだ．そしてまた最初に戻って，次のパーツをつくる．これを繰り返していくと，量子ビットができ上がっていくのだ．

⒤　大きさのばらつきの正体

　さて，量子ビットのつくり方がわかったところで，大きさのばらつきの正体をお話ししていこう．さきほどの量子ビットのつくり方の中で，どの工程で大きさがばらつくのかおわかりだろうか？——答えは，「描く」工程だ．もちろんほかの工程も影響するのだけれども，最も重要なのは描く工程になる．この工程でつくりたい形状を描くのだから，当然といえば当然だ．

　量子ビットをつくるために必要な小さいサイズの世界では，大きさのばらつきは普通の感覚と少し違う．さきほどは鉛筆の例をお話ししたが，このような大きいものをつくるときのようにばらつくわ

けではないのだ．大きいものをつくる場合の例として，10 cmのものをつくりたかったとしよう．そのときに大きさがばらつくと言われるとどう思うだろうか？　10.1 cmのものがあったり，9.9 cmのものがあったりするというのが普通の「ばらつき」の感覚だと思う．ところが，0.1ミクロンサイズのような小さいものをつくる世界では，これがちょっと違う．

　では例として，0.1ミクロンの線を描くことを考えてみよう．このとき，大きさをばらつかせるのは「端っこ」だ．端がガタガタしてしまう．そのせいで線の太さがばらついてしまうのだ．なぜこうなるかというと答えは簡単で，小さいものをつくっているから，端のガタつきが大きく影響してしまうのだ．大きいものをつくっているときは端の影響はあまり感じないのだが，これが小さいものになると，端がガタガタしただけで，大きさが変わってしまう．

　両端がガタガタとしている線を思い浮かべてみてもらいたい．両端が外側に膨らむようにガタガタとすれば，その線は太くなってしまう．逆に，内側に縮まるようにガタガタとすれば，その線は細くなってしまう．このように，端のガタつきのせいで大きさがばらついてしまうのだ．これが二つのパーツを重ねるときには，余計に影響が大きくなる．片方が細くなって，もう片方が太くなるというようなケースだ．そうなると，大きさは設計と全然違ったものになってしまう．このような端のガタつきが，小さいものをつくる世界では大きさのばらつきの原因となっている．1本の線の太さを平均してみれば，設計通りになっているにも関わらずだ．実際，現代の技術を使えば，平均太さが設計と違ってしまうようなことはない．しかし，端のガタつきを抑えることができず，このような大きさのばらつきが発生してしまうのだ．

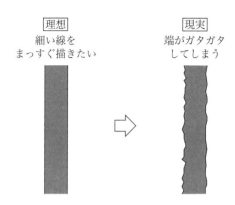

理想
細い線を
まっすぐ描きたい

現実
端がガタガタ
してしまう

図3・7　端のがたつきが大事

コラム　**LERとLWR**

　本文で説明した端のガタつき，これには専門用語がある．片方の
端のガタガタの程度は，英語でラインエッジラフネス（Line Edge
Roughness; LER）と呼ばれる．線の端がラフになっている，という意
味だ．線の両端がガタつくと，線の幅が太くなったり細くなったりす
るわけだが，これはラインウィドスラフネス（Line Width Roughness;
LWR）と呼ばれる．線の太さがどの程度ばらつくかという指標だ．こ
の二つは，半導体デバイスを製造するときにはとても重要なものとなっ
ている．形状をつくっていくときには，いつもこの二つの値を気にし
ながら，製造工程を進めていくことになる．

3.5 半導体技術と量子ビット

　このような大きさのばらつきを極限まで押さえ込もうとしている技術がある．それは，半導体の製造技術だ．今のコンピュータをつくっている，半導体だ．今のコンピュータをつくるときには，10億個以上の半導体デバイスを，2〜3 cmのチップの中に詰め込んでいるという話をした．この半導体デバイスは，トランジスタと呼ばれるものだ．ちょっと考えてみてほしい．私たちの手の上にあるスマホは，10億個以上のトランジスタと呼ばれる半導体デバイスが，あたりまえのようにすべて正しく動いている．これはちょっと凄いことだと思わないだろうか？

　驚くことに，このトランジスタは，全部同じようにはできていない．ばらつきがあるのだ．でも，だいたい同じようにできている．だから，ばらつきがあっても全部正しく動かせる．この「だいたい同じように」できているということが大切だ．10億個ものトランジスタを動かすためには，全部が同じように動いていると思えるぐらいに，「だいたい同じように」できていないといけないのだ．そして今のコンピュータの性能は，一番出来の悪いトランジスタの性能で決まってしまう．そのような不良品が一つでも混じっていると，途端に性能が出なくなってしまうのだ．

　ばらつきを最小限に抑えるために，半導体製造技術では驚くほどの努力がされている．サイズをできるだけ揃えてつくるというのは大前提で，それに留まらない様々な努力がなされているのだ．それは，「描く」工程だけに留まらない．「貼る，塗る，描く，削る，洗う」のすべての工程で，様々な努力がされているのだ．貼る工程であれば，薄膜の厚さを揃える必要がある．毎回毎回，同じ厚さで

揃っていてほしいからだ．その揃い方は，なんと原子1個分という
レベルで揃っていないといけない場合もある！　これはとんでもな
い厚さの制御だ．塗る工程ではレジストという感光剤を塗ったわけ
だが，この性能は端っこのガタつきに大きく影響する．というのも，
露光という光を当てる作業をすることで，レジストを希望の形につ
くることが，描くことの第一歩だからだ．そもそも，この端っこが
ガタガタしていたのでは，その先の話が始まらない．だから，でき
るだけガタガタしにくいレジストが必要になってくる．描く工程で
は，マスクと呼ばれる描く形の原版が必要になるのだが，これがそ
もそもガタガタしていては，これもまずい．削る工程も，できるだ
けまっすぐに，形通りに削らないといけない．洗う工程でも，洗っ
たことで形が変に変わってしまっては困る．このような感じで，ど
の工程も気を抜くわけにはいかないのだ．そして，どの工程にも大
変な努力が払われている．そのような努力は，半導体をつくってい
るある一つの会社だけがしているわけではない．どの工程を行うに
しても，ものをつくるためには装置や原料が必要だ．そのための装
置や原料をつくっているいろいろな会社が，それぞれが受けもつ装
置や材料を懸命に開発している．少しでもばらつきを少なくするた
めに．

　そのような高い技術をもっている会社を，みなさんはあまりご
存じではないかもしれない．これは当然で，私たち専門家以外で
は，そのような会社の名前ですら，なかなか聞くことがないからだ．
一般の方々は，「そういう会社もあるんだ！」と驚かれるのではない
かと思う．今のコンピュータを支える縁の下の力もち，そのような
会社が，特に日本にはたくさんある．みなさんはご存じないかもし
れないが，高い技術力をもった会社が，日本にはたくさんあるのだ．

とはいえ，実はみなさんもテレビコマーシャルなどのCMでそのような会社のCMを見ているはずだ．実は，そのような会社のうちいくつかの会社は，頻繁にCMを流している．CMというと，普通は商品の宣伝をする．コーヒーならコーヒーの宣伝をするし，スマホならスマホの宣伝をする．そうではなくて，何の商品を宣伝したいのかわからないけれども，なんとなく雰囲気が良くて，ちょっとだけ「半導体」という言葉を言っている，そんなCMがある．会社の名前を宣伝しているような感じだ．ぜひみなさん，これからは注意してCMを見てほしい．そのようなCMを流している会社は，ほとんどがこのような縁の下の力もちの半導体関連企業だ．

　コンピュータの話になると，どうしてもコンピュータそのものをつくっている会社に注目が集まってしまう．スマホをつくっている会社は知っているが，実際にその中身に入っている半導体をつくっている会社はご存じないという方が多いのではないだろうか．しかも半導体をつくるための装置や原料となれば，もう普通に生活している人は知っているはずがないのだ．でも，コンピュータをつくるためには，そのような装置や原料をつくっている会社が重要な役割を果たしている．

　これは量子コンピュータの時代になっても同じだ．いや，それどころか，より一層重要になってくる．量子ビットは，ばらつきに途方もなく弱いことがわかってきているからだ．ちょっとばらついただけで，すぐに性能が変わってしまう．量子コンピュータをつくっている会社は目立つし派手だが，それだけでは量子コンピュータはでき上がらない．縁の下の力もちのたくさんの会社が，それを支えることになるだろう．

3.6 さあ，量子コンピュータをつくろう

さて，いよいよこの本もおしまいだ．ここまで読んできてくれた みなさん，ありがとうございました．最初にお話ししたように，私 たち人類は既に量子コンピュータを手に入れている．でも，その性 能はまだまだ足りない．私たちの生活に役立つようになるためには， もっともっと性能を上げていかなければいけないのだ．そのために 最も重要なことは，データを格納し演算を行うための量子ビットの 数をもっと増やすことだ．当面の目標は，100万個の量子ビットを 詰め込むことだ．そしてこれを実現するためには，製造技術が重要 になってくる．これだけの数を一度に詰め込むためには，量子ビッ トをばらつかせずに，だいたい同じような性能が出るようにつくら なければいけない．これはまだ始まったばかりで，まだまだ長い挑 戦が続いていく．いま，この本を書いているのは2023年，これから 10年以上の長い挑戦になっていくだろう．

本当に役に立つ量子コンピュータを実現するのは，量子コンピュー タをつくっている人々だけではない．量子コンピュータをつくる技 術を開発している，そのような人々も重要な役割を果たす．一人の 力では決して実現できない，私たち人類の総力戦なのだ．もちろ ん，日本だけでつくれることもないだろう．世界中の人々が情報交 換をしながら，また，協力しながら開発を進めていくことになる． 目立っている人もいるだろうし，目立たずひっそりと縁の下で支え ている人もいるだろう．特に学生のみなさんには，いろいろな関わ り方，役立ち方があるんだということを知ってもらいたい．量子コ ンピュータそのものをつくろうとすることだけが，量子コンピュー タに関わることではない．直接的ではないかもしれないけれども，

3 量子コンピュータの応用

量子コンピュータを支えている技術に関わることもまた，量子コンピュータのための仕事になりうるのだ．これは今のコンピュータも同じだ．何もスマホをつくっている会社だけが，コンピュータの技術を支えているわけではない．

　もう一度言おう．量子コンピュータのある夢のある未来は，一人の力では決して実現できるものではない——だから，みんなで量子コンピュータをつくろう！

参考文献

[1] 量子コンピュータ科学の基礎, N. D. マーミン 著, 木村 元 訳, 丸善, 2009年

[2] 量子コンピュータと量子通信 I・II・III, M. A. ニールセン・I. L. チャン 著, 木村 達也 訳, オーム社, 2004, 2005年

[3] 驚異の量子コンピュータ, 藤井 啓祐 著, 岩波書店, 2019年

[4] 集積ナノデバイス, 平木 俊郎 編著, 内田 健・杉井 信之・竹内 潔 著, 丸善出版, 2009年

[5] 量子アニーリングの基礎, 西森 秀稔・大関 真之 著, 共立出版, 2018年

[6] 図解・わかる電子回路, 加藤 肇・見城 尚志・高橋 久 著, 講談社, 1995年

索　引

おわりに

　最後まで読んでいただき，ありがとうございました．みなさんには，スッキリ！がってん！してもらえただろうか．だまされている気もするけれど，なんかわかったような気もする，そんな風に思えて頂けたら，私としては一番嬉しい感想だ．最初にもお話ししたが，量子コンピュータは難しい．専門家である私たち研究者でもそうなのだ．

　量子コンピュータは，理解するために必要とする知識が幅広い．コンピュータサイエンス，数学，物理学，半導体工学が必要となる学問だ．逆に言うと，どれかを知っていれば，そこから入っていくことができる．「大学に入って量子コンピュータを学びたいのだが，どの学科に行けばよいですか？」という質問を受けることもあるのだが，これは本当に難しい質問だ．情報工学科，電子工学科，物理学科．この三つのどれかではあるだろう．でも，この三つをまとめて学べるような学科は，現時点ではないに等しい．これから，量子時代に向けて幅広い分野を横断的に学べるような学科もできてくることだろう．もしこの本を手に取ってくれたあなたが高校生や大学生で，量子コンピュータを学びたいけどどうしたらよいかわからないというのであれば，まずは一番興味があるところから勉強するのがよいと思う．もしくは，連絡頂ければ全力で相談にのらせてもらう．

　最後にお話しすることになってしまったが，私は，元々は半導体デバイス工学の専門家だ．量子コンピュータを学生のころからずっと学んできたというわけではない．とはいっても，すでに量子コンピュータ向けの研究を始めてから 10 年近い年月が経った．そして

今は，シリコン量子コンピュータの国家プロジェクトの一つでリーダーを務めさせてもらっている．何が言いたいかというと，私は最初から量子コンピュータの専門家だったというわけではなくて，後から量子コンピュータを勉強したということだ．この本の中身で言うと，第1編と第3編のところは元々基礎知識をもっていて，第2編のところは独学で勉強したというところだ．「大学で習ったんじゃないの!?」と思われる方もいるのではないだろうか．そうなのだ，習ったわけではまったくない．工学系の研究者という仕事は，常に新しいことに挑戦していく仕事だ．何かの専門家というイメージが強いのだが，そうではない．新しいことに挑戦するプロフェッショナル，それが研究者だ．だから，常に新しいことを勉強していくことになる．結果として，専門家になっていく．私自身もそうやって，後から量子コンピュータの専門家になっていった人間だ．だから，入口を選ぶ必要はない．

　この本を読んで，もっと量子コンピュータのことを知りたいと思った方は，ぜひ学びを進めていってほしい．この本が，誰かの量子コンピュータの入口になっていたとすれば，私にとっては望外の喜びだ．

〜〜〜〜 著 者 略 歴 〜〜〜〜

森　貴洋（もり　たかひろ）

1997年　私立本郷高等学校卒業
2001年　東北大学工学部応用物理学科卒業
2006年　東北大学大学院工学研究科応用物理学専攻博士課程修了（博士（工学））
2006〜2009年　国立研究開発法人理化学研究所に勤務
2009年〜　国立研究開発法人産業技術総合研究所に勤務
2023年〜　産業技術総合研究所，新原理シリコンデバイス研究グループ長
　　　　　半導体量子技術および先端ロジックデバイス技術に関する研究開発に従事
　　　　　現在に至る

スッキリ！がってん！　量子コンピュータの本

2023年12月15日　　第1版第1刷発行

著　者　森　　　　貴　　　洋

発行者　田　　中　　　　聡

発　行　所
株式会社　電 気 書 院
ホームページ　www.denkishoin.co.jp
（振替口座　00190-5-18837）
〒101-0051　東京都千代田区神田神保町1-3 ミヤタビル2F
電話（03）5259-9160／FAX（03）5259-9162

印刷　中央精版印刷株式会社
Printed in Japan／ISBN978-4-485-60043-6

専門書を読み解くための入門書

スッキリ!がってん!シリーズ

スッキリ!がってん!
雷の本

ISBN978-4-485-60021-4
B6判90ページ／乾　昭文［著］
本体1,000円＋税（送料300円）

雷はどうやって発生するでしょう？　雷の発生やその通り道など基本的な雷の話から、種類と特徴など理工学の基礎的な内容までを解説しています．また，農作物に与える影響や雷エネルギーの利用など，雷の影響や今後の研究課題についてもふれています．

スッキリ!がってん!
感知器の本

ISBN978-4-485-60025-2
B6判176ページ／伊藤　尚・鈴木　和男［著］
本体1,200円＋税（送料300円）

住宅火災による犠牲者が年々増加していることを受け，平成23年6月までに住宅用火災警報機（感知器の仲間です）を設置する事が義務付けられました．身近になった感知器の種類，原理，構造だけでなく火災や消火に関する知識も習得できます．

書籍の正誤について

万一，内容に誤りと思われる箇所がございましたら，以下の方法でご確認いただきますよう
お願いいたします．

なお，正誤のお問合せ以外の書籍の内容に関する解説や受験指導などは**行っておりません**．
このようなお問合せにつきましては，お答えいたしかねますので，予めご了承ください．

正誤表の確認方法

最新の正誤表は，弊社Webページに掲載しております．
「キーワード検索」などを用いて，書籍詳細ページをご
覧ください．

正誤表があるものに関しましては，書影の下の方に正誤
表をダウンロードできるリンクが表示されます．表示さ
れないものに関しましては，正誤表がございません．

弊社Webページアドレス
https://www.denkishoin.co.jp/

正誤のお問合せ方法

正誤表がない場合，あるいは当該箇所が掲載されていない場合は，書名，版刷，発行年月
日，お客様のお名前，ご連絡先を明記の上，具体的な記載場所とお問合せの内容を添えて，
下記のいずれかの方法でお問合せください．
回答まで，時間がかかる場合もございますので，予めご了承ください．

郵便で問い合わせる	郵送先 〒101-0051 東京都千代田区神田神保町1-3 ミヤタビル2F ㈱電気書院　出版部　正誤問合せ係

FAXで問い合わせる	ファクス番号 **03-5259-9162**

ネットで問い合わせる	弊社Webページ右上の「**お問い合わせ**」から **https://www.denkishoin.co.jp/**

お電話でのお問合せは，承れません

(2021年1月現在)